無常識

ゼロベースで生きる

白鳥公彦

KIMIHIKO SHIRATORI

幻冬舎
MC

無常識

ゼロベースで生きる

「無常識」は一度すべてゼロにしてみることから始まる。

はじめに

僕はみんなに無常識のタネを植えたい

「僕は反対です――」

みんなが振り向いて僕を見ました。幹部との社内ミーティングでのことです。いったい何に反対したのか？

それは社員の夏の服装です。僕たちの会社は基本的に服装は自由。カジュアルです。ではショートパンツはどうなのか？という声が出てきました。

近年もそうでしたが異常気象で夏があまりにも暑い。

ショートパンツでもいいんじゃないかというわけです。けれど、さすがに遊んでるわけではないんだからという意見もあり、それなら「7月と8月の2カ月だけOKにすればいいのでは？」という方向になりかけたので「僕は反対です」と声を挙げたのでした。

「7月と8月の2カ月だけなんて意味がない。それなら僕は反対だな。6月だって9月だって暑いじゃないか。だったらオールシーズンOKにしようよ」と。

真夏だけ時季に合った服装を認める。常識的に考えたら何も問題ありません。けれど、**その「常識」はどこから出てきたのか?** 最終的にオールシーズンショートパンツOKとなりましたが、ショートパンツが問題ではないのです。

皆さんのなかには「なぜ社長も交えた幹部ミーティングでショートパンツが議題に?」といぶかる方もいるかもしれない。決してふざけているわけではありません。いたって真面目です。あえてこのエピソードにふれたのは、それぐらい些細なことからでもゼロベースで物事を考える大事さを伝えたいからです。

どこからともなく「常識」を引っ張り出してきて、それを前提に物事を考えてしまうこと、あるいは**常識だからとそこで考えるのをやめてしまうのが僕はおかしいんじゃないか**と思うのです。いろんな可能性をそこで潰してしまっています。

それでなくとも、今は溢れる情報に振り回され、仕事や生き方においても「周囲が提示する正解や常識」にしばられ、生き苦しさや自分の可能性の狭さを感じている人が増えています。

常識の範囲内にとどまっていれば安心できる反面、そこから常識の外に飛び出ることを必要以上に怖れているんじゃないか？ 常識外のことをして失敗するなんて恥ずかしいことだからやってはいけないと思い込んでいる。

僕はそれがすごくもったいないと感じます。

うまくいくかどうか分からなくても「自分で考えて何かをやってみる」。そのこと自体がすごく楽しい。何も失敗がなくても特に自分から何もやらず、ただみんなに合わせて「常識的」に生きるだけなんてつまらない。そんな人生は嫌だと思うのです。

皆さんの子どもの頃はきっと、今よりも考える前になんでも興味あるものに手を出したり、砂場でひたすら穴を掘るような、大人からすれば意味のないことをやっていたと思います。

僕もそうでした。湘南の海が遊び場であり学び場で、自然が先生でした。難しい理屈を考えなくても、自然相手に勝手に遊んでいた。やろうとすることが常識的にどうかだなんて考えなかった。

本当は皆さんの中にも、そんな子どものような感性が今でもしっかりあるんです。ただ大人になると、さまざまな知識や学習が「自分で考えて何かやってみる」という感覚に蓋をしてしまうのです。**僕は、この本で誰の中にも眠っている子どものような部分を少しでも思い出してもらえればと思っています。**

なぜなら、知識や学習した常識をいったん脇に置いて、自由な感性のもとで発想し行動することが、人生においても事業においても、時に不可能を可能にしてくれることがあるからです。

人々の目を環境問題に向けさせ、世界的なベストセラーとなった『沈黙の春』で有名なアメリカの生物学者レイチェル・カーソンもこう言っていました。

「知ることは、感じることの半分も重要ではない」

「私たちの多くは大人になるにつれ、澄みきった洞察力や、美しいものや畏怖すべきものへの直観力を鈍らせ、ときにはまったく失ってしまう」と。

大人になると知識が増える分、自分のなかの常識に縛られてしまいます。僕はそこから抜け出すことがとても大切だと思うんです。

よく誤解されるのですが、僕はいわゆるビジネスのことばかりを考えている「起業家」タイプではありません。社交的でもない。アウトドアは大好きですが、仕事となるとむしろ一人でこもって黙々とものづくりや好きなことをしていたい。これをやってみたらどうなるのかな？　こんなのできないのかな？　という遊びみたいなことをずっとやってきました。子どもがやることと何が違うのかと言われれば、そんなに違いはないかもしれません。

ただ、大人になったので、その遊び、楽しいことの範囲が広がって「結果的」にビジネスになったというのが正しいかもしれない。なので、僕は今もビジネスをしているという感覚よりも**「どうしたら楽しくやれるかな」**という感覚のほうが強いんです。

「お父さんの子育てをもっとおもしろ楽しくしたい！」

僕たちの会社はそんな理念を掲げて、育児・ペット用品の企画・輸入・販売の事業を展開しています。そうした理念や商品などは用意周到なマーケティングから生まれたものでもないんです。

男性向け育児用品が世の中にないからビジネスチャンスだと考え、起業していたらスマートなのかもしれません。それよりも僕は**単純に自分の子どもたちをアウトドアに連れ**

出して一緒に遊びたかった。そのためのアウトドアで使える育児用品も道具もどこにも売ってなかったからでした。

90年代初めの創業当時、育児用品といえばパステル調のものか、かわいいキャラクターが付いているものばかり。そういったものを否定はしないけれど、僕の子育てスタイルには合わなかった。そこで自分が欲しいものをつくったわけです。

育児というと大変な面ばかり強調されがちです。しかし僕は自然の中でお父さんも子どもと楽しみながら学べること、一緒に成長できることがいっぱいあることを発見しました。「やってみたら、大変なこともあるけれど子育てはおもしろい」

そんな経験をしないなんてもったいない！　知らないお父さんたちに伝えたい。そこからの起業です。きちんと計画があって、したものではないんですね。

それでも、最初は僕と妻を含め３人から始まった会社は、今では社員数３００人。商品アイテム数27、売上もわずか３００万円だったのが、商品アイテム数も２万を超え、売上も約80億円（２０１９年現在）になりました。

そうした起業の仕方、生き方はきっと今の「常識」や「正解」からは外れているのかもしれません。だけど僕は、そんなのも「あり」なんだよと伝えたい。現に私の会社はそこから成り立っているのですから。

なにより知ってほしいのは、**自分のなかの「常識」をなくせば、可能性は無限大にあるんだ**ということ。

この本をつくろうと決めたのもそんな**「無常識」**という考え方、姿勢にみんなが気づくようになればという思いから。常識の「壁」や「無理」と感じているものは案外簡単になくせるよと伝えたかったからです。僕は、自分のやってきたことが最高だとも、みんなのお手本になるとも思っていません。ただ、もし今皆さんのなかで「こうやるべきだ」「失敗しちゃいけない」という常識にちょっと息苦しい思いをしている人がいるなら、こんなやり方、考え方もあるよと話したい。

この本でこれからお伝えすることは「無常識」のタネだと思ってもらえるといいのかな。それを受け取ってどうするかは自由です。

もし、なんだかおもしろそうだなと思う人がいれば、そのタネを植えて育ててみてください。**うまく育てれば、きっとどこで何をしても楽しめる自分なりの「幹」が持てるようになる**と思います。

目次

第2章 高機能ベビー服、親が集めたくなるおもちゃ、ファッションになる抱っこひも……

育児用品の新たな市場を切り拓く

第3章 12万個以上のリコールに社内だけで対応！
どんなトラブルにも常識にとらわれず立ち向かう

第4章
営業部員の商品開発、新卒採用にキャンプ体験、社内ファッションショー……
「型」のない組織づくりが新たな発想を生む

第5章 常識から解放されれば仕事も人生ももっとおもしろくなる!

序章

海が友達だった少年時代

「常識」では対応しきれない
自然のなかで学んだこと

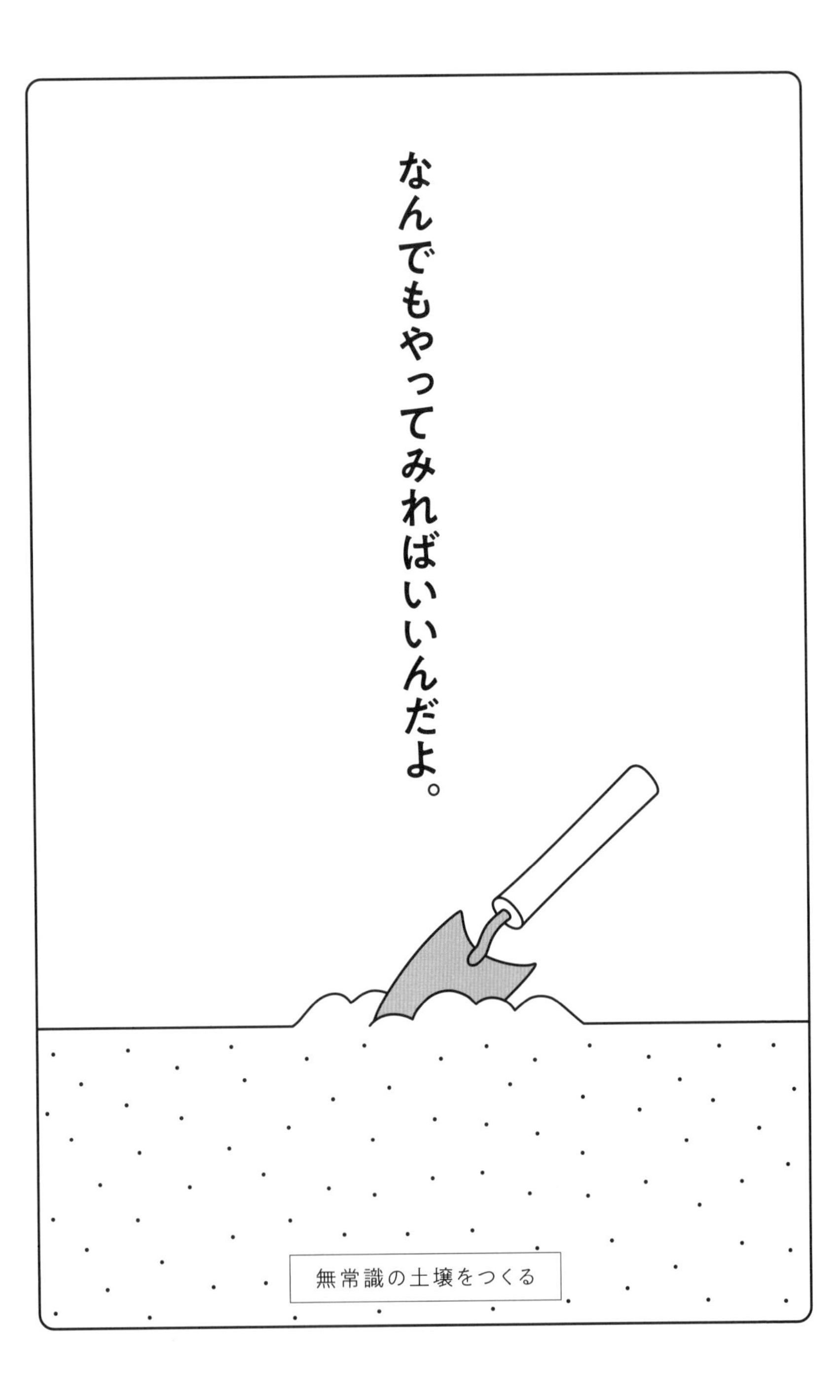
なんでもやってみればいいんだよ。
無常識の土壌をつくる

自分で試さずに納得していいの？

皆さんは、新しいことを始めようとするとき、まず何からとりかかりますか？

自分がやったことのないこと、まったく知らない世界に飛び込むようなことであれば、きっと情報を調べると思うんですね。

もちろん、それも必要です。ただ同時に、**本当にそれでいいのかな？ という疑問も持つようにしてみてほしい。**現代は、たいていのことは調べれば情報を得ることができます。それはメリットになる反面、自分で自由に考えて行動する機会を失っているかもしれない。たくさんの情報の中にある「こうするのが正解」「これがベスト」という常識に自ら縛ってしまうことになるかもしれないわけです。

僕が起業した会社はあらゆることをゼロベースで考え、発想し行動する「無常識」を商品開発や事業を行う上でも、経営をする上でも大事にしています。もし業界の「常識」に縛られてやってきていたら、きっと今のような価格競争もせず、独自の市場ポジションも得るという状態にはなれていない。

「無常識」であり続けてきたからこそ、今があるのだと思うのです。そしてその状態が楽しい。

僕はこの本で皆さんに、**一度自分のなかの常識をゼロリセットして周りの世界を観察することをおすすめしています。そこから自由な発想や行動を重ねることで、自分なりの「幹」を育んでもらえたらいいな**と心から思っています。

なぜなら、そんなふうに常識に縛られずに生きられるようになると、こんなの本当にできるのだろうか？　と思うようなことも結果的にできてしまったり、さまざまな困難なことに出くわしたとしても「なんだか楽しいな」と実感できるようになるからです。いいと思いませんか？

周りを見て意識的に、あるいは無意識に「こうしないといけない」「こんなことはしないほうがいい」という**常識をいったん「ないもの」としてとらえなおす。**

なかなか難しいのかもしれない。だけど、よく考えてみれば「常識」とされてるからそのまま無条件に受け入れるのは、よほど命にかかわるような危険なことでもない限り、僕はちょっとおかしいなと思うんです。

自分で実際に試してみて、やっぱりその通りだったらもちろん納得します。だからなんでも実験してみる。失敗したっていいじゃないですか。ただ「常識だから」と何もせずに受け入れるのと、自分でやってみて「やっぱりそうだったんだ」と腑に落ちるのでは、その意味や意義が全然違うと思う。

僕の両親がそんな冒険を黙って見守りながら育ててくれたというのもあります。彼らは楽観主義者でした。

皆さんの中にも、最初から常識にとらわれず自由な発想ができる人、どうしても常識が気になって自由な発想が難しいと感じる人もいると思います。あるいは、人から何か言われることが怖くて常識の範囲内で考えるくせがついてしまったり。

たしかに人生では「もし何かあったら」と心配し過ぎて、立ちすくんだまま動けなくなってしまうときがあります。それはすごくもったいない。いろんな場面で「それが常識でしょ」とブレーキをかけてしまう人もたくさんいるけれど、僕はいつも言うんです。

「その常識って何？ 君の常識の定義は？」

嫌な奴って思われるかもしれませんが、僕は本当に純粋な問いとして感じるんです。

常識ってよく言うけれど、どこからか持ってきていつの間にか自分のもののように思い込んでる常識は、本当に自分で試して納得したものなのかどうか。そこを一度皆さんに考えてみてほしいんです。

無常識が育まれた場所

神奈川県の江の島近くで生まれ育った僕は自然が大好きでした。物心ついたときから湘南の自然にどっぷり浸かって遊んでましたね。遊んでたというより、遊ばれていたかな。遊ばれるって大事なんですよ。特に海は時間的にも空間的にもいろんな変化に富んでいます。こんなふうに遊びたいと思っても、思い通りにならないことがたくさんある。でも、それがいいんです。

海育ちでなくても、きっと皆さんも子どもの頃、思い通りにならないことでも無邪気に挑戦して時間を忘れた経験がありませんか？ そのときに意識はしなくても、いろんなことを学んでいるはず。

思い通りになることばかりだったら人間は何も学べないし、第一やっていてそんなに楽しくありません。どうなるか分からないから、いろんな工夫もするし想像力も生まれる。

サーフボードとはとても呼べないような洗濯板みたいなものに乗って、ボディボードの真似ごとをするのも楽しかった。ちょっと海が荒れると波が大きくなるので、喜んで出かけるんです。本当は良くないことなのだけど、わくわくする気持ちにはどうしても逆らえない。

危ない目にも遭います。波に呑まれてしまうこともしょっちゅう。その時、波に逆らってもがいたら体力が持たない。波に呑まれたときはそのまま膝を抱えるようにして岸まで持って行かれるようにして、波が引いたときに温存していた力で立ち上がって岸に戻るんです。そんなことは誰も教えてくれないので、自分で経験して体で覚えました。

浮き輪を空気ボンベのように使って海の中で遊んでいたら、いつの間にか地引網の中に入っていたことに気づかず、漁師さんに引き上げられたことがありました。「なんだ、生きてやがる」と言われたときは子ども心に傷つきましたが（笑）。

ほかにも夏の終わりにひょっこり流れ着いた熱帯魚を家で飼って越冬させ、次の年に海に還すなんてこともやっていました。本来、熱帯にいるはずのものが黒潮に乗って温帯の海にやって来てしまい、そのままでは冬を越せない。そんな魚たちを子ども心になんとかしたかったのです。

きっと、同世代の子どもの間でも自然と密にかかわった方だと思います。だけど僕にとっては、それはごく「自然」なこと。自然という遊び道具が目の前にあるんだからやってみたい。ただそれだけだった。

いいも悪いもない人間の常識が入り込んでこない自然の中で過ごした体感（クオリア）は、今も僕の体の中に流れています。

子どもの頃からの死の恐怖とセンス・オブ・ワンダー

子どものときから自然の中に身を置いていたせいか、自分という人間の存在をすごく不思議に思い続けてきました。

生きるってどういうことなんだろうか？　僕はこうやって自然に呼吸して生きているけれど、どうしてそんなことが自動的にできるんだろう？　笑われるかもしれませんが、本当にそんなふうに考えてしまう。

思えば幼稚園の頃からそうでした。夜中にふと目が覚めて、自分がこのまま目が覚めなかったら自分の意識はどこに行ってしまうんだろう？　という考えにとらわれたり。

自分が死ぬと、今考えていること感じていることが、この世界からなくなってしまうという「恐怖心」が突然襲ってくるんです。誰でも子どもの頃に「小さな哲学者」と呼ばれる時期があるとはいわれますが、それが僕の場合、小学校に入っても、いや大人になった今もずっと続いているといっていい。

（この「恐怖心」については、この本でも対談（P190）で登場する前野隆司先生が書かれた『人はなぜ「死ぬのが怖い」のか』（講談社プラスアルファ文庫）が、僕の中で一つの「救い」になっています。）

そんなことを考える大人はあまりいないよ、と思われるかもしれません。だけど、僕は死に対する恐怖心と自然への親しみと畏怖の気持ちが相まって、自分の感性の基礎となりました。

センス・オブ・ワンダー（Sense of wonder）とは自然の神秘さや目に見えない世界の不思議さに目を見張る感性のこと。僕の会社でも社員みんなが何ごとに対しても好奇心、探究心、向上心は絶対に忘れて欲しくなくて企業姿勢にも織り込んでいるぐらいです。

センス・オブ・ワンダーは、言い換えると常に自分をフラットな状態で世界に対して開いていること。それができれば、理屈ではうまくいかないことにも、不思議に自分に合った答えが見えてきたりするんです。

じゃあ僕は小さい頃から現在に至るまで、常にフラットでオープンな思考だったのかというと、それが違うんですね（笑）。どちらかといえば理系でなんでも理詰めで考えるタイプ。大学では物理工学を学び、人間の心もすべて理屈で制御できるなんて思い込んでいたくらいです。

ディベート（討論）でも絶対に負けない自信があった。だけど、ディベートで勝ったからといって相手が心底納得しているかというとしていない。理屈では勝って、心では負けていたのでしょうか。相手が感情的表現をしたら「なんでそうなの？ ちゃんと理屈を示してよ」と言って、なんとか自分の土俵に引っ張り込もうとしていました。

そんな僕に「理屈だけじゃだめなんだ」と教えてくれたのが大学時代に出会った妻。理屈だけでは人を好きになれませんよね。

後々でも思いますが、そうした人との出会いは人間の理屈を超えた、ある種自然の世界の不思議さです。そのおかげで僕は自分の感性を磨くことができた。楽しく人生を過ごすコツみたいなものをつかめたように思います。だからセンス・オブ・ワンダーを大切にして、忘れないようにするといいなと思うんです。

振り子思考　いろんな両極を意識すると見えてくること

ゼロベースで考え発想し行動する「無常識」のことを人に説明する時には、この振り子のイメージを使って話すことがあります。

機械のメカニカルな動きやコンピューターのように理屈で考えて何かを動かすことも好きだし、自然界が生み出す計算できない美しさも好き。一見すると相反するものに見えるもの、どちらにも心を奪われます。

例えば、勝負に勝つこと、負けてもいいと思うこと、得すること、損すること、論理的と感情的。左脳と右脳。具体的と抽象的。自然の造形と人間が創ったもの。

普段何気なく過ごしているとわりとどちらかに偏ることが多いかもしれません。けれど、意識して両極を行き来すると、それだけいろいろなものが見えてきます。

例えば、何か新しい事業に取り掛かるかどうかを判断するとき。最もうまくいったとき（得したとき）と、最悪の結果で損を出したときを想像します。そして一旦ゼロベースに戻り、思考を展開していくのです。いったいこの事業で大切なことは何か？と考えながら。

振り子のイメージ

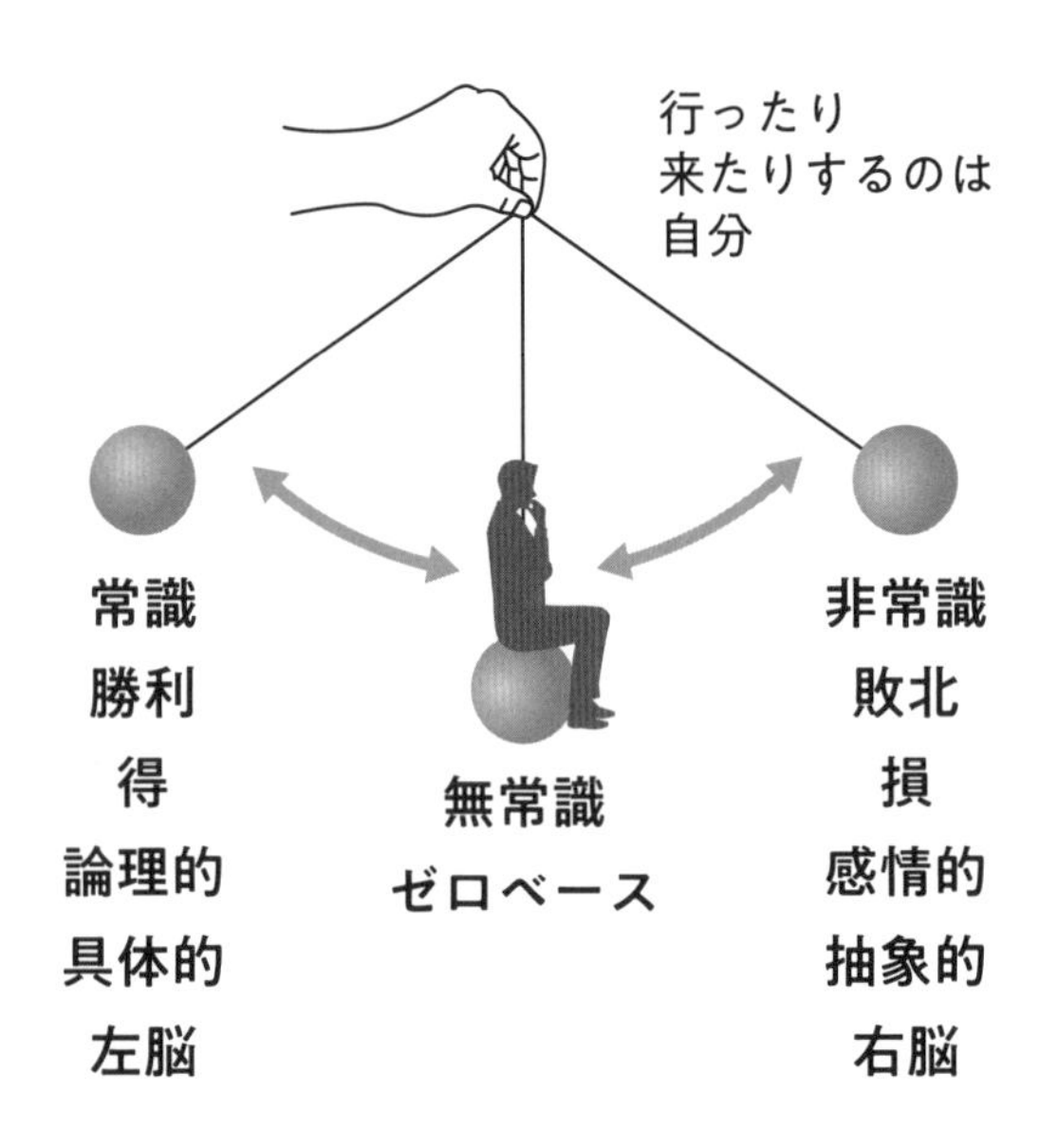

誰でも、人はみんなそれぞれ違っています。人生観から何かが起こったときの考え方、どんな色や食べ物が好きかといった好みもみんな違います。それはどっちが正しいというものでもない。

僕には兄がいますが、兄は若い頃「損か得か」という考え方をする人でした。片方が得すれば片方は損をする。そんな世界のとらえ方です。それが悪いわけではありません。そういう世界で生きる人もいる。

また、僕はスポーツもサッカーや野球など勝敗を分けるものにあまり興味がない。それよりも自転車だとか登山、カヤックのような自分自身と向き合いながら挑んでいくものが好きです。それでもラグビーやサッカーの熱い試合に手に汗を握るときもあります。

釣りもいい。釣れても釣れなくてもどちらでも楽しい、10回に1回ぐらい満足できるような釣りができる。それがいいんですね。

昔から自分で機械をいじったり、自動車をチューニングするのも、こんなふうに手を入れたらこうなるかなと想像しつつ手を動かすのが楽しいし、一方ではどう人間が頭で考えても思うようにはならない自然を相手に「遊ばれる」のも楽しい。

両極端なものを前にしたとき、どっちかじゃないといけないなんていうことも、もちろんなくて、どちらも好きというのでいいんじゃないでしょうか。

両方とも味わった上でそのものの本質を自分なりに見つけることがなにより大切だと思うのです。どうですか？　ゼロベースで考え発想し行動する「無常識」について、少しずつイメージがわいてきましたか？

第1章

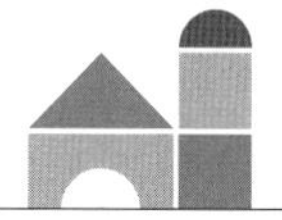

「父親に子育ての楽しさを伝えたい!」

世界初男性用子育てグッズで起業

「好き」から「好奇心」が芽を出す。

無常識のタネを植える

自分を騙すようなことはしたくない

僕たちの会社、ダッドウェイは**「お父さんの子育てをもっとおもしろ楽しくしたい！」**を企業理念の一つに掲げています。

この本の最初にも少し触れましたが、1992年の起業当時「お父さんの子育て」という概念すら世の中にありませんでした。育児といえばお母さんがするのが「常識」だったのです。

それなのに、いったいなぜ「お父さんの子育て」なんていうものを思いついたのか？

少しだけ僕の経歴にも関係する部分からお話しすると、大学院でレーザーと超音波の研究をしていて、レーザーの干渉を使った測定装置の開発に携わり、卒業後は電子機器メーカーの技術研究所で半導体の開発などをしていたんですね。

つまり、ずっとものづくり系の世界にいたわけです。ものづくりが大好きだった。でも、いずれ当時の家業だった産業用無線操縦装置などを造る、白鳥製作所という会社を兄と一緒に継がなくてはいけないという雰囲気もあったんです。

それは、そうしたいとも、したくないとも思わず、そういうものだと思っていました。

だけど、そのまま家業を継いでしまったら「井の中の蛙になるよ」と出版業界に勤めていた義兄が僕を誘ってくれたんです。そして出版社に入って科学編集部やコンピューター編集部、技術本部などを経験してアウトドアに関連した企画や市場調査をさせてもらいました。アウトドアはもちろん大好きなので、すごく楽しかった。

けれども、やがてバブルが崩壊。そうした企画がすべて止まってしまいました。

その後、家業を手伝うことになったのですがアナログからデジタルの時代変化で、兄が「ものづくりから撤退する」と決めたのです。アナログを基盤にした自分たちの技術では、とても太刀打ちできない。そこで、ものづくり以外のサービス業、倉庫業などの分野で生き残ることになった。そのとき父が、僕に「公彦のやりたいことをやっていいんだよ」と言ってくれたわけです。

それまでずっと親の希望通りの勉強をして、就職をしてきたので、そこで初めて「自分がどう生きたいのだろうか？」を考えたんですね。

いや、それ以前に自分で決断したことがありました。妻との結婚です(笑)。でもそれ以外は、なんとなく親が希望する方向の中で、なんとなく良さそうな会社を見つけて就職した感じでした。なのでそこに「自分」がなかったんですね。

自分はどうしたいのか？　その問いに対して自分の中で見つけた答えは「己に対して誠実でありたい」というすごくシンプルなもの。自分を騙すことは絶対にできない。だったら、自分の気持ちに素直に従う、そんなことをやっていこうと心に決めました。

アウトドアで子育てしたい！

シンプルに考えて自分が好きなもの。それは何か？　と考えたら、やっぱりアウトドアに出かけることでした。出版社でアウトドアの企画に携わっていたときも、子どもの頃から自然の中で遊び遊ばれてきた自分のフィールドでの仕事が本当に楽しかった。

結婚してからも休日のたびに妻と、あるいは友達とアウトドアを楽しんでいたのですが、妻のお腹に赤ちゃんができてからは一緒に行けないので僕だけが一人で出かけていたんですね。

妻も、週末には僕を「いってらっしゃい」と送り出してくれるけれど、帰宅したら明らかに不機嫌になっている。そんなことが何カ月か続いたあとで、これは早く妻もアウトドアに連れ出さないといけないと真剣に思いました。僕だけ楽しい思いをするのは、不公平ですからね（笑）。

子どもが生まれて外に出られるようになったらすぐに連れて行こう。そのためにはどんな準備や装備が必要なのか？ そこを考えて、本格的にオートキャンプ（自動車でキャンプ場に乗り入れるタイプのキャンプ）を始めたわけです。

毎週、金曜日の夜にキャンプ道具を車に詰め込んで出発。日曜日の夜に帰宅。そんなふうに週末に赤ちゃんも一緒にキャンプしながらのアウトドアでの子育てが始まりました。自然に囲まれ星空の下で家族で過ごす。親がリラックスしているのが赤ちゃんにも伝わるのか、心なしか赤ちゃんがいつもよりぐっすり寝ているようにも思える。こんな時間をもっと大事にしたい。

そのためにもアウトドアを何か仕事にしてご飯を食べていけたらいいな。そう考え始めたのですがアウトドア市場はどこも大手が資本力を持って参入しているので個人が入っていくのは難しいんですね。

資本がなくてもできることはないんだろうか？ そこから、ふっと**「アウトドアでの父親の子育て」**というコンセプトに思い当たったんです。

小さな子を自然の中、アウトドアに連れ出すには安全面や快適性などでノウハウが要る。当時、小さな子どもも一緒にアウトドアで過ごすという考え方がなく、ましてアウトドアでの子育てなんて誰も思いつかないので、必要なツールも子どもとアウトドアで過ごすためのノウハウもすべてが手探りです。

そこで僕は自分で海外のカタログから探し出した子育てに使えるアウトドア用品や、自分で工夫してつくったグッズなどを提案するという事業の型を思い描きました。

日本ではそうした情報や用具はまるでなかったけれど、欧米では豊富だ。その非対称性を利用すれば商売になるんじゃないか？　そんな考えが僕の中で膨らんでいったわけです。

そんな中、１９９０年の秋、日本貿易振興会（現日本貿易振興機構）主催の「インポートフェア」でアメリカからアウトドア用品を紹介していたコスモ・コーポレーションのデビッドとジュリエットに出会いました。

二人は僕の考えに共感してくれて、アメリカの展示会にも同行してもらいました。僕が初めての海外市場で英語のハンディキャップを乗り越えて貴重な情報やサンプル集めができたのは、彼らのおかげです。

ホームステイをしてデビッドの子育ての様子を垣間見れたのも、ダッドウェイのコンセプトを固めるのに大きな刺激を与えてくれました。彼らとは今も家族同様の付き合いが続き、真の意味での親友たちです。

事業を志して必死に動いていると、偶然かつ必然（？）の出会いに恵まれるのは本当だとつくづく思います。デビッドたちとの出会いもその一つ。僕はどんどん突き動かされていきました。

さらに世の中もバブルが崩壊し、それまでの「仕事がすべて」の生き方から、社会全体が少しずつ家族で一緒に過ごす時間を大事にする生き方にシフトしてきました。

子どもを寝かせたまま外に連れ出すには？

アウトドアで子育てをする。想像しただけで僕はわくわくしたのですが、実際にやるとなると大変なんです。そもそも、市販されているアウトドア用品は大人が使う前提になっているので子どもにはサイズ面や機能面で使いにくい。

イスやテーブルも子どもたちには大き過ぎるので、持っていたキャンプテーブルに自作した短い脚をはめ換えて、ちゃぶ台のように使うなんてこともして遊んでいました。そんな自作グッズが当時は珍しかったのか、ある野外イベントに来ていたアウトドア雑誌の取材班に取材されたほどです。

世の中にないから自分でつくる。それ自体も楽しかったのですが、それ以上にアウトドアで子どもの見たことのないような笑顔と成長が見られるのがものすごくうれしかった。キラキラしている。そう思いました。おもちゃなんてなくても葉っぱと石ころがあれば、それで十分。むしろ大人のほうが子どもに自然との遊び方を教えられた感じです。

大変といえば、子どもを遠方に連れ出すとき、早朝に出発したりするとまだ寝ているわけです。無理やり起こしたりしたくない。そこでそーっと起こさずに外に連れ出すことはできないかなと考えてつくったのが『**ブランコケット**』です。

どんなものかというとブランケットの四隅に取っ手を付けたものです。そこを持って子どもをくるんで寝たまま連れ出せるようにしました。それだけではおもしろくないので、アウトドアでは僕と妻が両サイドの取っ手を持ってブランコ遊びもできるように考えたのです。

ほかにも『**ビッグロープ**』というものもつくりました。なんてことのない長いロープです。両端がアイスプライスと呼ばれる船を係留するための輪っかになっている。ただそれだけの単純なロープなのですが、単純だからこそ、ぐるっと囲って電車ごっこをしたり、相撲の土俵、樹にくくりつけてブランコというように自由にいろんな遊びができます。

子どもたちの間で流行っていたゲーム機器の世界と正反対のものをつくりたかった。外で体を使ってルールがない中で遊ぶ楽しさをみんなで体験したかったんですね。

発想が単純といえば単純です。とにかく子どもと一緒に外で遊びたかった。その気持ちがほとんどすべて。当時の親の心情からすれば、逆かもしれません。子どもが外に遊びに行きたがるのに親が付き合うほうが多いのですから。

でも、僕はそうじゃなかった。自分たちが子どもと一緒に外で遊びたい気持ちが強くて、それをなんとかして実現したくて試行錯誤し、いろんなアイデアを出してものづくりしていたことが結果的に「父親向け育児用品での起業」という無常識につながったんです。

まず自分が楽しいことを大事にする

そんなふうに父親である僕が子どもと過ごす時間、遊びや体験を重ねる中で「こんな楽しいことを世の中のお父さんたちは味わっていないんだ」と思うと、すごくもったいないなという気持ちになりました。

上：ブランコケット　下：ビッグロープ

大げさに聞こえるかもしれないけれど、子育ての喜びをもっと世の男性に知らしめたい。子育て、育児というと、どこかそれまで自分が好きにやっていたことに制限がかかるとか、ネガティブな空気になりがちですが、本当はそうじゃないんです。

やってみると、すごくおもしろい。子どもをケアしながら自分も楽しむことで、視野も広がるし自分の人間性も成長できる。ということをお父さんたちは知らないまま。それは大きな損失じゃないですか？

子どもはたしかに、いろんなことにも時間や手間がかかるし、大人だと絶対にやらないようなことも平気でする。それを大人の基準で判断するのではなく、純粋に「どうしてそうするんだろう？ どうしたいんだろう？」と好奇心を持って子どもの視点に立ってみると、すべてが学びや発見になるんです。

大人になってたいていのことは分かっているつもりでも、子育てというフィルターを通して自分が遊び、体験し体感すると、どんなこともゼロからの学び、刺激になる。

これは僕にとってもすごく貴重な時間でした。そんなふうに感じることができたのも、**自分が大好きなアウトドアに子どもを連れ出したい、そこで一緒に遊びたいという自分の**

気持ちに忠実に従ったから。

今でも覚えているのですが、まだ長女が1歳のとき。那須高原の茶臼岳に妻と3人で一緒に登ったんです。もちろん長女を背負ったスタイルです。季節は10月後半。山は秋が深まっていました。

すると、登っていく途中ですれ違ったご婦人から「まあ、なんてことを！ こんなところにこんな赤ちゃんを連れてくるなんて」と非難され、長女を見て「かわいそうに」と言われました。

ちゃんと防寒対策もして無理のないようにしていても、当時の常識からは乳幼児と一緒に登山なんてあり得ないことだったんでしょう。

今もまだどこかに子育て、育児のためには大人が我慢しなくちゃいけないという感覚、世間の常識が残っているかもしれません。子どもを楽しませることが第一で親はそこに付き合うだけと考えてしまいがちです。それではやっぱり親も疲弊します。

親である自分が楽しんでるという前提条件があるから、学びや発見ができる、状況をおもしろがれる余裕も持てるんです。何かを我慢しながらという状況だったら、僕もきっとそうはならなかったでしょう。

無常識という状態になる上で、楽しむということは、とても大切なことだと思います。

視点を変えて自分の常識をつくる

大学時代、ワンダーフォーゲル部に入って本格的にアウトドアにのめり込んでいきました。とても体育会系の活動だったのですが、そこでは「安全管理」を徹底して叩きこまれたんですね。

これが今から思えば、アウトドアでも育児を楽しむという僕のスタイルやその後の起業してからの商品開発や事業にすごく勉強になりました。

命を守るために安全管理をちゃんとする。これは一見すると「常識的な行動」のように思えるのですが、僕はこう言いたくなる。常識だからという思い込みでなんとなくそうするのではなく、**自然の中に身を置いて自らの経験を通して、リアルに危険と安全を見極め判断しながら身に付けていこうよ、と。**

言葉にすると「生」の感覚といったほうが近いかもしれない。

世間で常識とされていることでも、本当にそうなのか？ という問いは僕の中に常にありますが、それは自然の中で自分でやってみて掴んだものが強いからなんです。

自然とは少し違いますが自動車もそうです。僕が自動車に乗り始めた頃は、エンジンルームも自分で毎日のぞいて、エンジンを調整していました。

キャブレターという部品を調節して空気とガソリンの混合比を温度や気圧・湿度に応じて調整できたのでおもしろかった。それでエンジンがいい音を出して回ってくれるとうれしいんです。当時付き合っていた妻とのデート中でさえ、突然、車を停めてボンネットの中を開けたりするのが楽しかった。これはさすがに「非常識」だったかもしれませんね（笑）。

現代の自動車はコンピューターで制御されているので、内部はほとんどブラックボックスです。プロのメカニックですら簡単にいじれないようになっています。

自分の五感をフルに使って「こうかな」と感じたものを自分の手でいい方向に持っていく。そんなことは、今、自動車でもほかのことでも世の中的になかなか難しくなっていますよね。

自分では直接いじったり、体験して理解できないけれど「これが常識でしょ？」となっているものがたくさんある。

そんな常識って何？　と僕は思う。そこにはとんでもない間違いが見逃されてる可能性もあるよね、と。

世の中の常識にとらわれて、本当は間違っているかもしれないこと、せっかくの可能性があるのに見過ごしていることに気づかないでいること。そんな状態に陥らないように意識するといいのが「振り子」をイメージして**「視点を変える」**ことです。

例えば、あまり人が通らない道を歩いてみる。それだけのことでも「こんなところにこんなものがあったんだ」と発見があります。人が通らないから何もないだろうというものではないんですね。

新製品が発表される業界の展示会などでも会場内を一周回ったあとに、あえて逆回りでもう一周するということをやっています。さっき通ったはずなのに、見落としていたものがあったり、あらためて気になるものを見つけたりもするからです。

時には、思わぬ人からこっそり「いい話」をもらえることもあります。

ですから僕は何度も言うのですが、常識はそのまま受け取らずに自分でなんでも経験してやってみたり、視点を変えてみること。誰かが視点を変えてくれることを示唆してくれたら、それを自分でも確かめて、そこから「自分の常識」をつくればいいと思うのです。

事業計画書よりもストーリー

「アウトドアでの父親の子育て」というコンセプトから、「父親向け育児用品での起業」にどのようにつながっていたのか？　そこにどんな目論見があったのか？　ということもよく聞かれます。

これがね、そんなにカッコいいものではないんです。先に少し触れたようにアウトドア用品市場に参入したってレッドオーシャンだし、いくら好きな分野で始めたからといっても価格競争なんかに巻き込まれて嫌になる。「そういうのはしたくないなぁ」という考えで始めたから。

できれば価格競争なんてしないで済むような土俵で商売したいと思って、行き着いたのが「アウトドアでも使える父親の子育てグッズ」だったわけです。それなら自分の経験が100%生かせるし、ライバルだっていないわけですから。

一般的には起業するならいろんなリサーチをしてマーケティングを行い、これなら市場に入れるという数字を出して綿密なプランを持って参入しますよね。僕の場合は、そういうやり方はしませんでした。

代わりに起業前の1年半ぐらいは、家業の白鳥製作所の仕事もしながら横浜市の中小企業支援センター（現ＩＤＥＣ横浜企業経営支援財団）のコンサルティングも受けながら、起業に向けた商品試作をやっていきました。

頭も働かせるのだけど、一緒に手も動かす。もともと、ものづくりが好きなこともあってそうしたやり方のほうが性に合っていたのかもしれません。

ＩＤＥＣでコンサルティングを受ける中で出会った、元サンリオの商品企画部長をされていた神戸常雄先生にアドバイザーをしていただけたのも力になりました。彼が僕の「アウトドアでの父親の子育て」というコンセプトをおもしろがってくださったんです。

同時に、以前から好きだった写真家の星野道夫さんの写真集『ＭＯＯＳＥ』にインスパイアされ、創業のキャラクター、ダディムース（ムースのお父さん）のストーリーをつくりました。ムースとは世界最大の鹿（ヘラジカ）で、その中でも北アメリカに生息するものはムースと呼ばれるんです。アラスカ、ユーコン川の源流近くで生まれたダディムース。やがてカヌーに乗って川を下り、太平洋に出て横浜の港にたどり着き、結婚してそこで商売を始めた……。

まるで絵本のようなストーリーだと思われるかもしれません。でも僕は、こんなストーリーがなぜかしっくり馴染んだ。堅苦しい事業計画なんかより自然に思えたんですね。

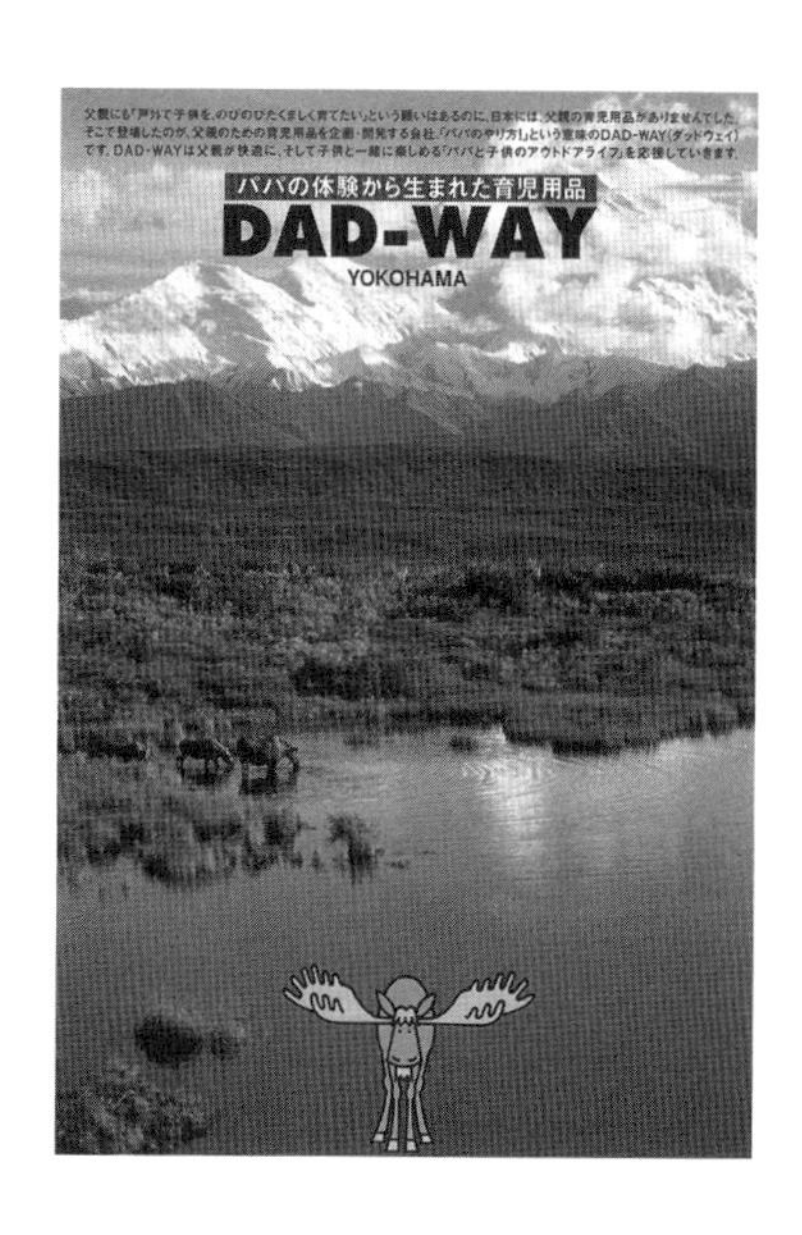

好きなことをする＝理想論ってホント？

ダディムースのようなカッコよくて優しいお父さんに使ってもらって喜ばれる育児用品をつくりたい。そんなイメージは描けても、実際にマーケットはどうなのか？　勝算はあるのか？　と言われると、当時僕は「なんとも言えないね」と答えるしかなかったかな。

そもそも、男性向け育児用品なんていう概念すらなかったわけだから。ブルーオーシャンなのか、魚も棲まないただの水たまりなのかは分からなかった。常識が通じないのではなく「常識が何もないゼロの世界」です。

ただ、信念はありました。絶対に男性が育児をするのはすごくメリットが大きくてすばらしい経験なんだっていうことは自分が知っていたから。それを広めていくことで日本社会がもっと楽しくていい環境になるんじゃないかという信念ですね。

それ以前、バブルの頃までは「24時間戦えますか？」というCMコピーがもてはやされていた時代だったけれど、そんなので幸せになるのかな？　と思っていました。僕から言わせれば、だいたい、男性ってなまけものなんです。本質的には自分が好きなことしかしたくない生きもの。それに「戦う」なんてそんなに好きじゃない。だから起業でも、そういう考え方ではなく自分が好きなこと、つまりアウトドアでの子育てという**楽しいことを生業にしたほうがきっと幸せなんじゃないか**と考えたわけです。

だけど周りからはひどい言われようでしたよ。特に身内からは、そんなのは理想論だときつく言われました。好きなことをしたいからそれで起業するなんて、何を考えてるんだと。

昔はワーク・ライフ・バランスどころではなく「ワーク・ワーク・ワーク」が当たり前。そのおかげでライフが成り立つんだという考えが強かった。高度経済成長期に企業戦士だった兄からは「どんなときでも仕事を最優先すべきだ」と言われました。

どこかに勤めるにしても起業するにしても、仕事第一。そこでは厳しいこと、大変なことを我慢しながらやってお金をもらうのが常識。ベースにあるのは「戦う」ことだったんですね。

そうやって男性のお父さんは外で戦い、女性のお母さんが家で子育てする。お父さんが子育ての中でやることと言えば、日曜日に子どもをお風呂に入れるぐらい。それでも十分やってると思われ誰もなんの疑問も持っていなかった。

そこに僕は**「それって本当にそうなのかな？」とゼロベースで問いのフラグを立て、**お父さんが育児をやったらもっと人生楽しくなるし、それは自分を犠牲にしなくても一緒に子どもと楽しみながらできることもたくさんあるんだよと伝えることを始めたわけです。

今でこそイクメンという言葉や男性の育児、カッコよく赤ちゃんを抱っこしたパパの姿も当たり前になり「トレンドど真ん中ですね」と言われますが、起業当時は周りからの声援もなく無謀という声しかなかったわけです。笑われたと言ったほうが本当かもしれません。

育児用品売り場にあるのはパステル調のものや、かわいい動物キャラクターものだけ。男性が近づく場所ではない。そんな常識の海に海外の選りすぐり商品を卸販売し、自分たちの製品も売り込んでいく。「ダッドウェイ（お父さんのやり方）」という旗を掲げて、ダディムースは小さなカヌーで漕ぎ出したのです。

無常識コラム

1

白鳥　由紀子●ダッドウェイ取締役副社長

私の「無常識」な人生は、白鳥公彦という人間との出会いと結婚から。夫である白鳥公彦の親夫婦、兄夫婦と子ども、猫との3世帯同居で始まりました。

3世帯同居のことを話していたとき、「人生において少々のストレスは必要だよ」という夫の言葉にかなり驚きました。夫が30代前半の頃、夫は必然と思える人との出会い、必然と思える本との巡りあいがあり精神的に大きく変わったのです。私はすっかり置いて行かれた自分を感じたものです。

その頃の私は物事が起こる現象をさほど疑いもせず、目の前の子育てに追われていたのです。

理系の夫と文系の私。欲しい車も全然違うんです。さて、どうやって決めるか。性能、乗り降りのしやすさ、駐車場の出し入れのしやすさ、荷室の広さ、シートを倒して子どもを寝かせられるか——。

　決めるための項目をすべてエクセルに書き出し、私たち家族にとって大切と思う項目に重みづけをして2倍、3倍と決め、そこから出した点数で車を決めるんです。お互いに納得感があるので気持ちよく車種決定が完了！ 理系と文系夫婦にはお勧めの方法です。

　そんなふうに私たちはお互いの違いをうまく使っていくようにしてきました。そう、私たちはお互い全然違っていたんですね。同じ考え方、同じステージに立って夫婦で起業したわけじゃない。

　だから手づくりで始めた事業が急速に大きくなっていったときも、最初、お互いの気持ちはちょっと違っていたかもしれない。ほどよく30人ぐらいの規模でやっていく幸せもありました。正直に言えば、大きくなっていく会社に私は不安でいっぱいになっていた。

　精神的にも相当マイナスに振れてました。良い妻、良い母、良い嫁、良いパートナーであらねば。そう思い詰めて苦しくて、人と話すことができなくなって。なんでこんなこと始めちゃったんだろう。普通のお母さんのはずだったのが、いつの間にかいろんなものに呑み込まれていったんです。

一緒に起業しようではなく、ちょっと手伝うぐらいで始まったものがどんどん成長していった。オリジナル商品を試作すること自体は楽しかったけれど、本当に会社を大きくしていくなら整えなくてはいけないものがたくさんある。そこで、ある時、意を決して夫にあらためて聞きました。このまま会社を大きくするつもりですか？　と。

夫の答えは「外から求められるならそうするよ」。その言葉を聞いたとき、私も腹が据わったんです。

第2章

高機能ベビー服、
親が集めたくなるおもちゃ、
ファッションになる抱っこひも……

育児用品の新たな市場を切り拓く

まず楽しもう。

無常識のタネを育てる

世の中に埋もれないために群で見せる

今でこそ、街を歩けば男性でも女性でも抵抗なく使えるユニセックスなデザインの抱っこひもなどの育児用品を普通に見かけます。

ですが、創業当時は男性が持てるデザインのものは皆無。パステル調の色やファンシーな柄。動物のアップリケが付いている。大人が使うものなのに、赤ちゃんのイメージから連想する色やデザインでつくられたものがほとんどで、もっと言えばおしゃれが好きな女性であっても、なぜか**育児用品に関しては「自分が本当に持ちたいもの」という選択肢がなく仕方なく使っているという現実**がありました。

もちろん、そうしたデザインを否定するわけではありません。好きな人であれば問題ないのですが僕も妻も、既存の育児用品の色やデザインには「これいいね」と思えるものがなかったんです。

そこで世界に目を向けて、アウトドアでも使える実用性と機能性を兼ね備えた、スタイリッシュなデザインのものを探し出して輸入し、創業時にはオリジナルも含めて27アイテムをそろえました。

ベンチャーとも呼べない零細企業なのにいきなり27アイテムも？と思われるかもしれませんが、そこにも考えがありました。これは先述の神戸先生とも相談したのですが、父親の子育てという概念自体が病気や事故をはじめさまざまな事情でお母さんが養育できないケースなどを除けば、一般的には存在していない。

育児はお母さんがするものだし、育児用品も女性のほうを向いてつくられている。そんな中でポツンと数点だけ商品を出しても埋もれてしまう。**群で男性向け育児用品を提案してブランドとして見せないといけないだろう**と考えてのことでした。

例えばアメリカから輸入した「コルトチャイルドキャリア」などは、従来の日本の育児用品カテゴリからは完全に飛び出しているもの。親と子どもの負担をいかに軽くするかを考えたトレッキング用の背負い子（しょいこ）です。

とにかく、こんなのがあれば子どもと一緒にアウトドアに出て楽しむ時間がもっと楽しくなるし、そのための負担も減る。そう思えるものをたくさん集めたかったし、なければ自分たちでつくりたかった。

とはいえ、バッグ類などは素人なので、神戸先生に紹介いただいた墨田区の専門業者さ

上：コルトチャイルドキャリア
下：フリース素材を使ったスノースーツ

んを訪ねて相談させてもらうということをしながら、機械や電子機器ではないものづくりの大変さも同時に体験していくことになりました。

親が楽できる育児用品という発想

自分が使いたいもの、持ちたいものがないからつくる。僕の商品開発の動機はそこからです。

約1年半の準備期間を経て1992年ダッドウェイを創業し、まず最初に世に出したオリジナル商品が『2WAYベビーホルダー』でした。

これは子どもを腰の部分で支えるウエストバッグがセットになった抱っこひも。パパがウエストバッグとしても使えるし、抱っこひもも両肩抱き、片肩抱きどちらでも使えるので2WAYなんですね。もちろん、そんな機能を持った商品はそれまで世の中にはありませんでした。

いったい、どこから思いついたのか？　実は、僕自身の体験からです。外で子どもを抱っこするときに、どうしても従来の既製品の抱っこひもはデザインがファンシー過ぎて使うのには抵抗があった。

そこで仕方なく腕で抱っこしていたのですが、さすがにずっと抱っこしていると腕がしんどくなるわけです。

ある時、たまたま自分がカメラを収納できるウエストバッグをしていたので何気なくその上に子どもを座らせるようにして抱っこしたら、すごく楽。これはいいなと思い、妻に頼んでウエストバッグの蓋部分にクッションを付け、さらにショルダーベルトも取り付けて自作の抱っこひもにして使ったのがそもそもの始まりでした。

2WAY ベビーホルダー

子どもを抱っこした経験のある人なら分かるのですが、子どもを抱っこすると親側の体に負担がかかります。それを腰と肩で重さを分散できるようにすると、相当負担が減るんです。

それまで抱っこひもはあくまで子どものためのもので親の負担はあまり意識されてこなかった。デザイン性という部分もさることながら、そもそもサイズが女性が使う前提なので男性向けにはなっていない。それではやっぱり「お父さんが抱っこひもを使う」には壁があり過ぎます。

親も楽できて使いたくなるものでなければ、積極的に子どもと一緒に外に行こうという気持ちにはなりません。僕は、ごく自然に自分だったらそうだよなという気持ちで『2WAYベビーホルダー』を開発したのですが、結果的にそれまで育児用品の世界には存在しなかった「無常識」な商品第1号になりました。

ただ、構造にもすごくこだわったのでフル装備だと価格が1万3千円。当時、抱っこひもは「子守り帯」なんていう言い方もされていて、そんなにこだわって使う人も少なかった。価格も数千円のものが主流だったので、その点でもとんでもなく無常識な商品だったかもしれません。

ユニクロに先んじた赤ちゃんフリース

今ではすっかり当たり前になったフリース素材のファッション。小さなお子さんからご年輩の方まで、多種多様なデザインのものが売られています。

けれども90年代初め頃はまだ一般的な素材ではなく、どちらかと言えばアウトドア向けのマニアックなアイテムだったんですね。

僕はアウトドアが大好きだったので、結構出始めの頃から愛用していました。発色が良くてビビッドな色合いが楽しめる。野外での環境変化に対応しやすく、保温性があって雨で濡れても乾きやすく通気性も適度にある。すごく機能的なんです。

じゃあ、フリースを乳幼児にも着せるかというと、それはノー。当時は乳幼児に着せる素材といえば天然素材のコットン、綿100%が常識。化学繊維は「化繊」と呼ばれ、赤ちゃんに化繊を着せるなんてとんでもない！という拒絶反応がすごくありました。

でも、よく考えてみればコットンだから赤ちゃんに快適で、フリースなどの化学繊維だから赤ちゃんに不快、良くないという事実はない。あくまで「化繊は良くない」というイメージや、赤ちゃんには天然素材をという「常識」で排除されていたわけです。

僕はフリースの機能性の高さを実感していたし、赤ちゃん向けに使われていないというだけで「なぜだめなんだろう？」と思い、アメリカのアウトドア用品展示会で見つけたベビーバッグ社の『ベビーフリース』を日本でも売ってみたいと考えました。

ですが、百貨店のバイヤーや売り場の担当者からは「赤ちゃんに化繊!? 何を考えてるんだ！」と呆れられる始末。

その中、アウトドア好きのある百貨店の売り場担当者が「おもしろいですね」と反応してくれて、売り場の目の付くところに並べてもらったところ結果的にすごく売れたんです。当時、ベビー用品売り場の売上坪単価でトップにもなりました。それまでベビー用品売り場にはなかった「フューシャピンク」と「ネイビー」の目立つ色合いが若いお母さん、お父さんを惹きつけたんですね。

まだユニクロもフリースを展開する前だったので、とにかく目新しかった。バンディング（おくるみ）タイプとジャンプスーツとジャケットタイプの3種類があり、ベビーカーにもさっと乗せられて機能的だし元気な色合いがかわいいんです。百貨店からの要望もあってパステルカラーのものも展開しましたが、それらも合わせて冬の定番商品になりました。

これまでにないものを理解してもらうには

『ベビーフリース』も常識的な人たちにそのまま売り込んでも「赤ちゃんに化繊なんてあり得ない」で終わってしまいます。それではどうやってこれまでにないものを人々に理解してもらえたのでしょうか？

しかも『ベビーフリース』もそうでしたが、これまでにないものはどうしてもコストがかかるため価格も従来のものに比べて高くなる。二重三重にハードルがあるわけです。

そこを超えるために、『ベビーフリース』の場合は、赤ちゃんの命を守れる素材なんですよという点をすごく説明しました。命よりも高いものなんてありませんから。

特にアウトドアでは綿素材の衣服が雨に濡れた場合、体温を奪われてしまう。フリースならある程度の雨は弾いてしまうことができます。汗をかいても綿製品だと水分が中に溜まってしまい、蒸発するときの気化熱で体温が下がってしまいます。

赤ちゃんはまだ体温調節がうまくできません。雨や汗に強く乾きやすいフリース素材は本来、すごく赤ちゃんにとっても機能的であることを力説したんですね。

まだ日本が経済発展途上にあった時代には、たしかにあまり品質の良くない化学繊維も出回っていたので、その時代に「化繊」を経験したご年輩の方は余計に良くないイメージを持たれていたのもあったかもしれません。

ですが、現代のフリースなどの化学繊維は品質も優れている。そしてなにより「赤ちゃんの命を守る」という**本質の部分に焦点を当てれば「実は、いいものなのかも」という気づきにつながる**んですね。

今までの日本での常識（赤ちゃんに化繊は良くない）をいったん、ゼロリセットして「素材本来の良さ、機能性」に目を向けてもらった。その上で、見た目にも目を惹くカラーリングなどがアイキャッチになり、常識にとらわれない若い世代の親が手に取ってくれた。

機能性を理解してもらうことと、見た目の良さ。この両方をきちんと届けることができたことで、これまでになかったものを初期のヒット商品にすることができたわけです。

この考え方はべつに目新しいものではないかもしれない。「無常識」といっても、無茶苦茶なこと、突拍子もないことをするという意味ではなく（時に、そういう場面もありますが（笑））、相手の常識をいったん、ゼロリセットしてもらえるようにすることも大切なんだと知ってもらえるとうれしいです。

否定されるのは当たり前

僕は基本的に「いいものは必ず売れる」と思っています。たとえ、それまで世の中になかった素材や機能、使い方をするものであっても。

『ベビーフリース』もいきなりスタートから爆発的に売れたわけではありません。ごく少数の常識にとらわれない人が「これはいい」と思って手に取っていただいたところから徐々に人気が出て、あるときからすごく売れ始めました。

無常識なものは理解されるまで時間がかかることが多い。これは当たり前のこと。なので、いつも言うのですが簡単にあきらめたらもったいない。

世の中に今までになかった新しいものには、人々は否定から入るものなんです。基本的に僕はみんな保守的だと思うな。時代が変わっても人間の本質的な部分はそんなに変わらない。

一方で日本人は新しいもの好きな面も持っている。だから不思議。いろんな国の文化や技術を取り入れて独自にアレンジしたり改良して進歩してきました。おもしろいなと思います。

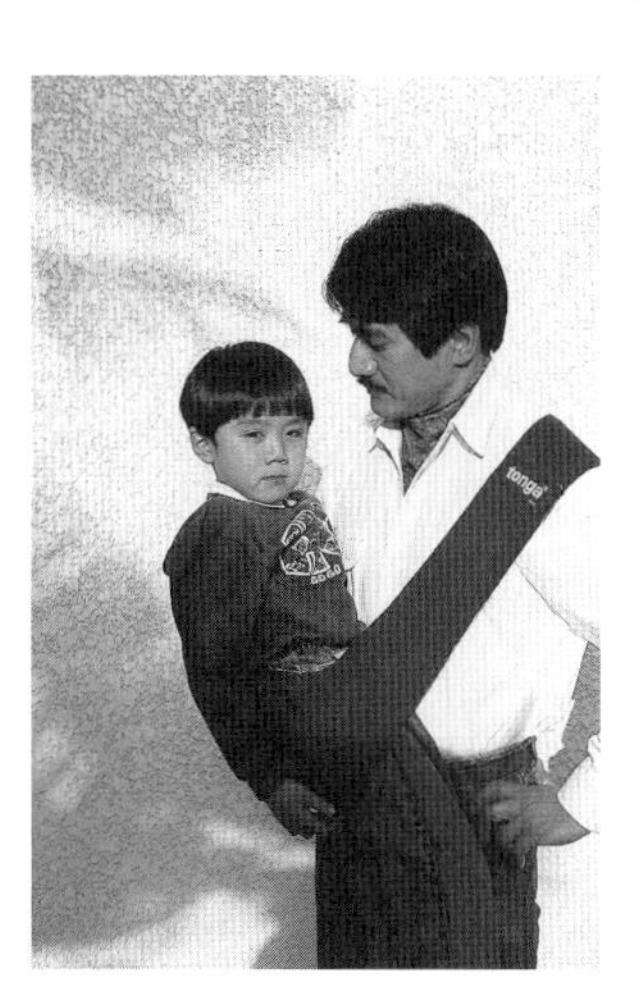

トンガ・ベビーホルダー

保守的だけど新しいもの好き。何か事業を始めたり、商品開発や新しいサービスをつくりたいなら、この**一見、矛盾した両極の価値観を分かっていることは大**

事だと思う。振り子のイメージを思い出してください。

子育て、育児用品の世界なんてまさにそうです。子育ては祖父母、親世代から伝えられるものも大きいので、どうしても保守的なんです。上の世代が経験してきたことだから口も出しやすい。

それに、初めて子育てをする世代は何も分からないから、そうした昔からの「常識」も受け取りやすいという下地があります。もちろん、昔から伝わるものがすべて悪いわけではありません。

でも、その中には「赤ちゃんに化繊は良くない」のように、今日では真実とは言えないものも混じっています。だからこそ、新しい事業、サービスをつくる上で、その点は自分の目で見てちゃんと確かめる無常識な発想と行動がカギになると考えています。

ポップなベビートイ『サッシー』との出会い

皆さんは仕事で〝ひとめぼれ〟することがあるでしょうか？

僕はよくあります。その中でも忘れられないひとめぼれが１９９８年にアメリカ・ダラスで開催された育児用品のメーカー組合ＪＰＭＡの展示会で出会ったベビートイ『サッシー』。

遠目からでも黄色ベースで一面にパッと花畑が広がるようなディスプレイが目を惹きました。

これまで日本で「赤ちゃんのおもちゃ」として売られていたものとは明らかに世界観が違う。これほどカラフルで多種多様なアイテムが一貫した世界観でつくられているものは見たことがなかった。

しかも見た目のインパクトだけでなく発達心理学の専門家やデザイナー、子育て中のママチームと一緒に開発されたという科学的な知見も、一個一個のアイテムに反映されている。

「これはおもしろいな」と直感的に思いました。

とにかく大人でも見ているだけで、なんだかウキウキする楽しい気分になるんです。歯固めもそうだし、ビブ（よだれかけ）もすごくポップで見たことがない。ただ逆に言えば、そんなポップな色使いやサイケデリックな模様、白黒が入ったデザインは、日本では、なかなか受け入れられないだろうなというのも分かっていました。

既にお話ししているように、ベビートイもそうですし、日本のベビー用品は基本的にパステル調のふんわりしたものか、人気キャラクターや動物があしらわれたものが常識だったのですから。

結果的に『サッシー』は2001年に販売を開始し大ヒット商品となったのですが、商品を導入できるようになるまでも、導入してからも「無常識」の連続でした。

無常識コラム

2

豊島 伸一 ● 元髙島屋バイヤー

私は大宮髙島屋に入社し、いろいろな売場を経験して、ベビー用品売場のマネージャーになりました。その後、ベビー用品・子供服売場のバイヤーを経て、日本橋店のベビー用品のバイヤーに就任しました。

大型店のバイヤーになって実感したのは、バイヤーが展示会以外あまり、直接仕入先や生産地等に行かないのだということ。バイヤーとは、自分の足でいろいろな所を回り、お客さまのために良い商品を探したり、開発したり、自分の足で稼ぐ。そういうものだと思っていました。そんな地方のバイヤー（大宮店）の経験が、白鳥社長との関わりを強くしていったのではないかと振り返ったときに思うのです。

初めて展示会で見たダッドウェイのブースは何の変哲もない一坪ショップのような印象。ベビー用品の展示会に行くたびに、白鳥社長とお話をさせていただくようになり、商品説明を聞きましたが、「この人、ベビー用品のこと知っているのかな？」と素朴な疑問が浮かんだものです。

横浜の菅田にあったダッドウェイの旧社屋にうかがったときも社長から、『サッシー』等の商品説明を受けましたが、その時も、輸入商品を取り扱う気にはなれませんでした。国産商品に比べて安全性の面でやはり懸念があったからです。私たちは、多くのお客さまに安全な商品を提供するという役目がありました。そして、私自身も海外製品に対する勉強不足もあったと思います。

何回か旧社屋にうかがい、白鳥社長と商談をしているうちに、悪い意味ではなく、自分の強い信念、主張を持っている頑固さが感じられるようになりました。

しかし、私は「おやじ柴又・おふくろ神田・私は浅草生まれ」のチャキチャキの江戸っ子です。短気で頑固な私と、自分の強い信念を持った白鳥社長との二人の考え方の違いが多く、商談がスムーズに運ぶはずがありません。

『サッシー』等のベビー雑貨の商品説明を受けるたびに、こちら側から日本における赤ちゃんの安全性・機能性等の重要性を説明すると、白鳥社長は、熱心に耳を傾けてくれるものの、そうかと思いきや、必ず静かな口調で、その上を行く持論を説明してきます。

そのことは別にして、多分、その場に奥さまが同席していたら二人の真剣な眼差しを目の前にして、ハラハラドキドキだったのではないでしょうか。

今思えば、旧社屋で、社長と二人で純粋に、双方の思いをぶつけ合ったそのときが、白鳥社長とのいちばん楽しい時間、いちばんの思い出だったのかもしれません。

当時、白鳥社長には一言も言っていませんが、私は、『サッシー』の輸入玩具を初めて見たときに、日本製品にはないカラフルな色使いに魅力を感じていました（笑）。

白鳥社長が、奥さまと出会い、結婚したこと。そして、アウトドアを趣味としたこと。お子さまが生まれ、育児をされる環境になったこと。そのすべてに対して真剣に取り組んだこと。それらすべてが、重なったことがダッドウェイ成長の大きな要因ではないでしょうか。

白鳥社長がただ、10年、20年先を見越し、「ダッドウェイを大きな会社にするぞ」とか、「100億円稼ぐ」といった目的で会社を立ち上げたとしたら、大きな成長は望めなかったと思います。アウトドアの楽しさを伝えたい、夫婦で楽しい育児をする人々を増やしたいといった素直な気持ちが今のダッドウェイをつくったと思うのです。

無常識コラム

3

桐木さん夫妻●チャーリーズ　タンタン

1998年に、僕たちのお店「チャーリーズ　タンタン」は横浜の港北で路面店からスタートしたのですが、白鳥さんとはその時からのお付き合いです。

当時、まだ菅田にあった本社がちょうど僕たちの通り道で、いつも寄らせてもらっていました。そのたびに白鳥さんが「こんなのが入ったよ」と新商品を見せてくれる。僕たちも一つでも目ぼしい商品を並べたいので、その場ですぐに一個だけなのに出荷してもらってすごく助かりました。

「チャーリーズ　タンタン」のコンセプトもただの子ども用品、雑貨の店ではなく、大工さんに頼んで店の前に大きな木のデッキをつくってもらってアメリカ製の遊具を置いたりして、とにかく子どもたちが気軽に遊べる場所にしたかった。ただモノを売る店じゃない。

白鳥さんも同じように、パパママの子育てや子どもたちを支援するためのビジネスをされてる。そんなところがすごくお互い、通じ合えたんですよね。

そんな中で僕たちが、今度、ハワイの買い付けに行くという話をしたとき、不意に白鳥さんが「僕も社員と一緒に行っていいかな？」と言ったんですね。そうして現地に行ったら、もうじっとしていない。姿が消えたと思ったら雑貨屋さんに入っておもしろそうな商品を見ている。

その姿を見て「ああ、本当にこの人はこういうものを探すのが好きなんだ」と思いました。宝探しみたいな感覚。僕たちもそれは同じなんです。毎回、いいものに出会えるとは限らないけれど、行けば必ず何か自分にも発見がある。

その時に、白鳥さんが社員の方にぼそっとこう言ったんです。「やっぱり、こういうの必要だね」って。それからですよね。白鳥さんも必ず海外の展示会を回られるようになったのは。

そこで見つけたものをうれしそうに「こんなの見つけたんだ」って僕たちにも見せてくれる。時には白鳥さんが見つけたものが、あまりにも突飛過ぎて社員が「え？それ本当に扱うんですか？」と驚いたり（笑）。その姿は今も変わってないですね。

トイザらスとの3年越し交渉

展示会でひとめぼれした『サッシー』。ですが、これを日本で僕たちが扱えるようになるまで3年の月日がかかりました。サッシー社のインターナショナルセールスマネージャー、そして当時『サッシー』を一部扱っていた日本トイザらスとの3者間で交渉をしたのです。

これはどちらかと言えば、業界の常識では「あり得ない」話し合いです。なぜならトイザらスにとって僕の会社は小さな一輸入販売会社でしかない。会社の規模もまるで違うわけです。

それなのに、僕たちが『サッシー』の日本での輸入総代理店として扱わせてほしいという交渉をするわけですから。

当時、トイザらスでは『サッシー』を扱っていたものの、例えば歯固めならそれだけをほかのメーカーの歯固めと一緒にポツンと棚に置いていた。それでは私が展示会で圧倒され、ひとめぼれしたような一面に広がる世界観が演出できません。『サッシー』のせっかくの魅力がなくなってしまう。

僕は自分が『サッシー』を扱うなら最低でも30アイテムをまとめて並べて見せたいと思っ

たのです。創業時に商品を群で見せて打って出た手法です。

これは決してきれいごとではなく、本当に『サッシー』という商品が大事に扱われていないのが残念だったから。これで儲けようというより、ちゃんと魅力を伝えたい気持ちのほうが強かったんですね。


日本トイザらスとの交渉は難しかった。とにかく彼らは「安く」売りたいという気持ちが強い。それは決して悪いことではなく、バブル崩壊後の日本市場では消費者もそうした「価格破壊」を支持していました。

でも、僕は『サッシー』に関してはそういう売り方は違うなと思ったのでこう言いました。

「僕はトイザらスさん嫌いです」

決していい気になって言ったのではない。そのあとで、こんなふうに続けました。

「なぜなら商品を大事にしないからです。あの売り場はなんですか？『サッシー』のスマイリーフェイス・ラトルも泣いてますよ」

常識で考えれば大手量販店のバイヤーに言っていい言葉ではないでしょう。でも僕は本気でそう思っていたし、感じていたので言いました。自分が「これじゃ、商品がかわいそうだ」と思ったことに嘘はつけないし駆け引きみたいなこともできません。

その時のトイザらスのバイヤーさんがすごく尊敬できる人だったことも幸運でした。僕の話にちゃんと耳を傾けてくれて、『サッシー』への情熱を受け取ってこう言ってくれたのです。

「わかりました。ダッドウェイさんに扱ってもらって、トイザらスでも大事に丁寧に売らせてもらいます」と。

本当にうれしかった。そして正式に輸入総代理店となり、トイザらスでも全面的な展開で新たに『サッシー』を扱ったところ大ヒット。群で商品を見せたことで一気にお客さまの心をつかめたんですね。

おまけに、それまでの「安く」ではなく、『サッシー』にしかない世界観でお客さまをファンにしたことで、きちんとした値段でも買っていただけるようになり利益率もアップ。結果的に誰もがいい結果になりました。

それまでカテゴリ別の棚でポツンと『サッシー』の商品が置かれていたから、どうしても価格で比較される価格競争になってしまっていた。それをやめて独立ブランドとして「お出かけ」「おうち遊び」「お風呂」「お世話」などカテゴリー毎に群で見せることで、価格競争からも脱することができたというわけです。

親がコレクションしたくなる仕掛け

それまでのベビートイにはなかった売り場でのインパクトを出した『サッシー』。これを一つだけ買っておしまいではなく、いろんなアイテムをリピートしてもらうためにどうすればいいのか。

アイテムがたくさんあることは魅力的である反面、初めてベビートイを買うママやパパからすると「何を選べばいいか分からない」という迷いにもなるわけです。

そこで考えたのがすべての商品に、小さな豆本のような小冊子カタログを付け「音が鳴る」「歯固めに使える」「水遊びにも使える」「月齢3カ月〜」といったアイコン表示もして選びやすくすること。

この小冊子を手作業で一個ずつ付けて出荷したのですが、おそらく商品に一個ずつ小冊子カタログを付けるのはほかのどのベビートイもやってなかったと思います。これは単純な方法ですが、すごく効果的で、やはり親は買って帰ったあとに「次はどんなものにしようかな」と見てくれるんですね。

店頭でも、おじいさま、おばあさまが「娘からこれが欲しいと頼まれたんだけど」と小冊子を持って来店していただくことも増えました。小冊子を指差して頼めるので、商品名を覚える必要もなくて楽なんです。

さらに、いつの間にか〝サッシーフリーク〟になるお客さまも出てきて、全部コンプリートしたいというファンをつくることもできました。本来は赤ちゃん用のおもちゃですが、そのポップでカラフルな世界観が大人の心も動かしたわけです。

芸能人の中にもフリークの方が何人も誕生し、そのタレントさんたちが自分のブログでサッシーコレクションを紹介してくれるようになったのも、想定外でしたがすごく追い風になりました。

営業場面でも「サッシーだから小冊子（しょうさっし）です」というくだらないトークをしたりしていましたが（笑）、それぐらい「売りたい」というより「楽しい世界観を伝えたい」が強かった。導入のための交渉も含め、そんな無常識が『サッシー』を今にもつながる人気者にしたのです。

清水の舞台から飛び降りる

『サッシー』を人気者にしたのには、もう一つの決断がありました。それまで、ほとんど広告宣伝費をかけず（そもそもかける余裕もなかったのですが）事業をやってきて、初めて全国誌の雑誌に大きな広告を出したのです。

当時、リクルート社が発行（現リクルートマーケティングパートナーズが企画・制作）していた『赤すぐ』（現ゼクシィ Baby）。１９９４年の創刊当時から通販コーナーではお付き合いがあったのですが、本格的な広告は出したことがなかった。

創業以来、本当に初めて清水の舞台から飛び降りる気持ちで6ページぶち抜きでの『サッシー』タイアップ記事広告を載せたのです。

『赤すぐ』は、それまでの百貨店や量販店のベビー用品売り場では置かれていないインポートのセンスのいいおしゃれなマタニティウェアや育児用品、ベビートイを扱って人気の雑誌。そうしたところに、まさに『サッシー』はぴったりだったからです。

タイアップ記事広告は『赤すぐ』担当者も本当に想いを持って商品のタイアップ記事を制作してくれたので読者にもすごく評判が良かった。

いろいろな面で『サッシー』の象徴的な商品として、ガラガラや歯固めにもなる「スマイリーフェイス・ラトル」も『赤すぐ』で火が付いた商品の一つ。

先にお話ししたように『サッシー』は発達心理学の知見が開発に活かされたシリーズなのですが、そうした情報は店頭だけではなかなか伝わりません。タイアップ記事広告は期待通りに機能して、より多くの人に知ってもらうことができたわけです。

「スマイリーフェイス・ラトル」は、かわいいデザインもさることながら持ち手が歯固めになっていて、振ると音が出る。さらに顔の裏は鏡になっていて機能満載です。

サッシー　スマイリーフェイス・ラトル
（現：にこにこミラーラトル）

そもそも赤ちゃんは視力は未発達で、色もまだよく認識できません。なので人の顔のようにシンメトリーになっていてコントラストの強いものに反応して追いかける傾向があり、「スマイリーフェイス・ラトル」はまさに、そうした赤ちゃんの感覚にぴったり合うわけです。

こうした点が日本国内でも評価され、グッドトイ賞も受賞しました。通常は木製玩具が多く受賞する賞の中で、「スマイリーフェイス・ラトル」のようなプラスチックのトイが受賞できたのは珍しく、そうした点でも受賞はうれしかったな。

ペット用品にも「本物」のいいものを

ペット用品の世界も長い間「常識」が強く残っていました。ペットのものだから安いもので構わない。人間が使うものと違ってそれほど質やデザイン性にこだわっているものが少ない。

そんな常識があったのですが、少しずつ世の中のペットを飼う人の意識も変化してきていました。昔のような「番犬」としての犬や、愛玩のための猫というよりも「家族の一員」としてペットと一緒に暮らす人が増えてきたのです。

僕もワンちゃんとずっと一緒に暮らしてきたのですごく分かる。自分の子にちゃんとしたものを与えたい気持ちと同じなんですよね。

それなのにペット専門店に行っても、並んでいる商品はどこか「安かろう悪かろう」なものが多い。そんなふうに感じていた２００４年に一つの転機がありました。

サッシー社でインターナショナルのマネージャーをしていたアメリカ人の友人が会社を辞めて、新しく『ペットステージ』というペット用品ブランドの会社を立ち上げたんです。主にペット用のおもちゃや生活用品を扱っているのですが、そのデザイン性がすごく高かった。部屋の中にさりげなく置かれていても、ちゃんとインテリアの一部になるんです。さすが元『サッシー』のデザイナーが手掛ける商品だなと思い、これを扱いたいと決めたわけです。

『ペットステージ』が優れているのは機能に裏打ちされたデザインであることです。これは『サッシー』とまったく一緒。獣医の監修のもとできちんと犬や猫の生態、発達に合わせて機能を持たせたペット用のおもちゃが開発されていました。

とはいえペット用品業界はまったくゼロからの参入。知名度も実績もありません。

これも普通に常識的に考えれば、かなり難しい挑戦です。けれども、僕はそう考えなかった。ゼロベースで考え、ベビー用品を長く扱ってきた僕たちから見ると、**ベビーとペットには共通点がいくつもあるな**と考えたのです。

まず、しゃべれないこと。食べものやおもちゃを与えるとしても、本来のユーザーである赤ちゃんやペットは自分で判断できないですし、自分の気持ちを言語化できない。与える側が管理してあげないといけないわけです。

そして、ちゃんとしたものを与えたいという心情。親や飼い主にとっても満足できるものがいいという考え方が広がっていたこともそうです。ベビー用品の世界では、『サッシー』がそうだったように、赤ちゃんが喜ぶものであることはもちろん、親も集めたくなるような高いデザイン性で所有欲が満足するものが求められていました。

この環境変化はペットの世界でも同じ。だとすれば僕たちが手掛ける意味もあるんじゃないかなと考えました。

大型犬が当たり前にオフィスにいる会社

僕たちのオフィスには、大型犬ラブラドール・レトリバーが出勤してきます。

僕が飼っているワンちゃんで、名前はアロイ。以前、アメリカのアウトドア用品をつくっている会社を訪問したとき、黒いラブラドール・レトリバーがオフィスの入り口でゆったり寝ている姿を見て「いいな」と思ったんですね。

従業員にもかわいがられて、みんなが癒されている。いつかそんなふうに大型犬のいるオフィスにしたいなと思っていました。

　というのも子どもの頃に家でコリーを飼っていたのですが、僕がちゃんと面倒を見てあげれないまま急性肺炎で死んでしまったんです。その後悔というか、心の棘みたいなものがずっと残っていて、いつか大型犬をちゃんと飼ってあげたいと思っていました。

　そしてペット用品事業に参入するのだから、社員にも身近にワンちゃんがいるのはプラスにもなる。そんな感じで当たり前にオフィスに大型犬がいるようになったわけです。

　結果的に『ペットステージ』はすぐに市場のお客さまにも受け入れられました。『サッシー』で培ってきた安心・安全が、今までのペット用品にはなかった赤ちゃん用品と同じ高いレベルで提供されることが評価されたのでしょう。

　実際に使っていただいたお客さまの声がやはり大きかった。たとえば、ミニチュアダックスフンドなどは、その愛らしさから想像できないぐらい歯が鋭い。元は猟犬なので噛む力が強いんです。

　なので、安いペット用のおもちゃでは与えてもすぐに壊してしまう。ところが『ペットステージ』のおもちゃを与えたら（個体差はありますが）壊れないでずっと噛んで遊んでいられるんですね。こういう評判がペットを飼っている人たちのネットワークで広がっていったわけです。

　価格も従来のものよりも高いのですが、その分、ペット用品をライフスタイルの中で提案するようなハイセンスな店でも扱ってもらうことができ、そうしたお店に来る購買層にアピールできたんですね。

　大げさに言えば、ペット用品市場全体のレベルの底上げにもつながっていったのかもしれません。安かろう悪かろうの商品との二極化が進んでいきました。

『ペットステージ』もそうですが、どんなにチャレンジングなことでも自分が本当にいいと思って、その裏付けもあるものならやったほうがいいと僕は思う。信念があれば、必ずお客さまにちゃんと伝わっていくんですよね。

ペットステージ

無常識コラム

4

トージャス・ランデバル ● 元サッシー・インターナショナル・マネージャー、ペットステージ創業者

1998年春にダラスで開催されたJPMAショーで初めて白鳥さんに会いました。私たちの会社Sassyから、彼が注目した幼児向けのおもちゃラインを立ち上げたころです。最初のミーティングから、白鳥さんはイノベーションとデザインに対する鋭い感覚を持っているように感じました。

彼はまた、価格、品質と機能に対して顧客が何を求めているのか、日本市場で何が大事になるかを知っていました。私たちは、日本で製品を販売するために真剣に長期パートナーを組める相手を探していましたが、白鳥さんと彼が築いたチームに会えてとても幸運でした。

白鳥さんは、私にとって最初に『サッシー』、次に『ペットステージ』を通してすば

らしいビジネスパートナーでした。振り返れば彼のビジョン、才能、優れた品質の製品に対する優れたまなざし、そして強固なチームを築いて日本市場に販売していく。これらのコンビネーションこそダッドウェイの真骨頂でしょう。

仕事以外では、白鳥さんと私は共通のアウトドアの趣味がたくさんあります。

2001年にアラスカへ釣り旅行を共にし、楽しい時間の中でたくさんの魚介類を獲ることができました。特に、エビを一緒に食べたときのことは忘れられません。

白鳥さんは船のギャレーに入って、醤油とわさびを手に甲板に戻ってきました。アラスカで最も美しいフィヨルドで、エビの尾がまだ動いている間に、生のエビを醤油とわさびをつけて食べたのです。あの時以上に新鮮な刺身を食べたことはありません。

赤ちゃんを縦抱きに変えた抱っこひも『エルゴベビー』

抱っこひもは日本でも昔から使われてきた育児用品ですが、月齢が低い赤ちゃんに対してはずっと長い間、肩で支えるスタイルが主流でした。それも、長期間使うものではないので新生児用のもので十分というのが常識だったのです。

そんな市場に僕たちが投入したのが『エルゴベビー・ベビーキャリア』という抱っこひも。抱っこひもといってもがっしりとした肩ストラップと腰ベルトが特徴的で、それまでの華奢な抱っこひものイメージを根底から覆すものでした。

今では、街でも当たり前に見かけるものになっていますが、2008年の導入当時はまだ珍しいものだったんですね。

実は『エルゴベビー』は僕が展示会で見つけたのではなく、ある中途入社の社員が個人的に海外から取り寄せて使っていたのがきっかけ。彼女が入社して2日目に、たまたま「抱っこひも、使ってる?」と聞かれて「私が使ってる抱っこひもってすごいんですよ」という話を部署のリーダーにしたらしいのです。

何がすごいのか。『エルゴベビー』最大の特徴は、赤ちゃんを新生児から幼児まで自然な姿勢で支え、「動きやすさ」、「快適性」を追求すると同時に、もっとずっと抱っこしていたくなるように親の抱っこしやすさ両面から人間工学に基づいて設計開発されたというところ。

肩と腰で分散して支えられることと、しっかりしたパッドやベルトなどの機能性が高く、抱っこする親がすごく楽なんです。

赤ちゃんの成長後もベルトなどを調節して長期間使えるものになっているので、従来の抱っこひもに比べて高価格でも、一度、この良さを知ってしまうと手放せなくなります。

最初はみんな冷めていた⁉

今では大ヒット商品になり、当時イクメンと呼ばれはじめたパパが『エルゴベビー』を使って赤ちゃんを抱っこして歩く姿が普通に見られるようになったのですが、当初は社内でも『エルゴベビー』に対しては好意的な声は少なかったんです。

なぜならその頃の会社は『サッシー』で業績も伸ばしていて、言ってしまえばそれだけでも十分利益が出ていたし、『サッシー』が売れていることでどの部署も忙しく、新たな分野の商品導入に対してリソースを割く余裕がないなぁというのが正直なところでした。

多くの社員が乗り気ではなかったほかの理由は、『エルゴベビー』の見た目があまりにも従来の抱っこひもからかけ離れていたこと。とにかくパッドやベルトもゴツい。男性ですらそう感じるのですから、女性がメインのユーザーに受け入れられるとは到底思えないというのが大半の見方だったんですね。

加えて赤ちゃんの「縦抱き」の抱っこという姿勢自体が「そんなこととして赤ちゃんに影響はないのか？」と疑問視されました。**抱っこひもといえば横抱きが常識**だったからです。

そして最後に、過去に導入したある海外製の抱っこひもがまったく売れず、在庫をどうしようかと頭を悩ませていたというのもありました。そもそも抱っこひもやベビーカー市場は国産の有名メーカーがほぼ独占していて、海外製のものには参入障壁が高かった。

そうなると、さすがに「無常識」で考えても難しいのでは？となるのも分かるといえば分かる。


ところが、ちょうどその時期に偶然、エルゴベビー社の創業者でデザイナーのカリン・フロスト氏が日本を訪れ、日本での販売代理店候補となる会社を回っていたんです。

当時、僕たちは代官山で直営店を運営していて、その店をエルゴベビー社が気に入って「こういう店で売ってもらいたい！」と声がかかりました。

ダッドウェイでも前出した社員が個人的に使っていて、その良さを知っていたこととエルゴベビー社から声がかかるというのが重なったこともありました。それなら反対意見は強いけれど試験的に導入して売ってみようかということになったんです。

全否定されたらチャンス

しかし、売り場に持っていっても「赤ちゃんは横に寝かせて抱っこするものでしょ」という中で『エルゴベビー』の抱っこひもは「縦に抱っこするんです」というのは「大丈夫なの？」と散々言われました。

特にご年輩の方からは「あり得ない」と全否定。百貨店のバイヤーも「赤ちゃんを縦抱きして本当に問題ないのか？」と受け入れてもらえません。

そこで本来は、こういった商品はコンテナ単位で輸入するものですが、なにしろ抱っこひもの常識からかけ離れたものなので売れるかどうかはまったく未知数。そのために数百個単位という小さなオーダーで試験的に販売するところから始まりました。

今、振り返ると、全否定される反応は当たり前なんです。縦に抱っこする抱っこひもを見たことがないのですから。しかも自分では判断できない赤ちゃんに使うものなので慎重になるのは当然ですよね。

この場合なら、縦抱っこは良くないという思い込みがあるけれど、『エルゴベビー』を一度使って「これまでにない快適性」を感じたお母さんたちからの支持が広がっていきました。そこでまずは、股関節への影響を小児整形医療の専門家である扇谷浩文先生に検証してもらい、その結果、問題のないことが分かりました。

エルゴベビー・ベビーキャリア

『エルゴベビー』では股関節の角度もM字になることで、自然なかたちで赤ちゃんの脚の動きを妨げないということで太鼓判を押してもらったわけです。
営業トークでも「昔から赤ちゃんをげっぷさせるとき、縦抱きでトントンとしますよね。それでも赤ちゃんは気持ち良さそうにしてませんか？」というように地道な理解促進も重ねていきました。その後、赤ちゃんの負担をさらに軽減できるように開発された首回りをホールドできるインファントインサートも販売したことで新生児から使えるようにもなりました。

さらには、一度使ったら手放せない快適性で支持されるだけでなく、縦抱っこする抱っこひもだからこその「目立つ」要素がファッションアイテムとしての抱っこひもを楽しむという新たな世界観も生みだしました。

人気ファッション誌『VERY』（2013年6月号）では『エルゴベビー』姿のママモデルが多数登場し、4ページにわたって「エルゴでオシャレ　初夏の着こなし見本帳」と題して、『エルゴベビー』とのお出かけ服のコーディネートが特集されたのです。

おそらく抱っこひもがこのように女性ファッション誌でファッションアイテムとして取り上げられたことはかつてなかったことなのではないでしょうか。

熱狂の中でも冷静にいる

『エルゴベビー』を個人的にも使っていて、日本への導入の後押しをした社員の考え方も私からすると「無常識」でした。

彼女は『エルゴベビー』の商品性には絶対的な信頼を持っていました。最初は「こんなゴツイものを?」と疑問視していたお客さまも、実際に装着してみると一様に「すごくいい」「このまま着けて帰りたい」と言ってくれるのを見て、日本でも受け入れられるんじゃないかなと思っていたといいます。

その一方で、すごく状況を冷静に見ていた。売れそうだからとにかく熱くなって一気に突っ走るやり方もあるけれど、そういう方向には持って行かないようにしていたのも、結果的に日本メーカーが独占していた市場で『エルゴベビー』が大きなシェアを持てるようになったことにもつながったのかもしれません。

特に彼女が大事にしたのは、『エルゴベビー』に関わる人たちとの関係です。いくらすごい商品だからといって自分たちだけの力で売れるものではない。トイザらスや赤ちゃん本舗などの量販店の力は大きい。特にトイザらスは、まだ人気に火が付く前から『エルゴベビー』の全店での展開を決めていただきました。そうしたアーリーアダプターの存在がなければ、いくら僕たちが「目を付けた」といっても広がっていきません。

育児用品の市場は、ほかの商材とは少し事情が違って毎年、新しい人がお客さまになり、卒業する人と入れ替わっていく。子どもは大きくなっていくのですからずっと使い続けるということはないわけです。

だからこそ、売り場やネット上の口コミ、メディアのレビューなどでもお客さまを「つないで」くれる人の存在が大事になってくる。お金を掛けてたくさん広告を流せば売れるというものでもないんですね。

無常識コラム

5

後藤　貴子
リクルートマーケティングパートナーズ
営業統括本部
マリッジ&ファミリー領域営業統括部
営業1部　部長

パタゴニアみたいな会社を作った人が日本にいたんだー！　という衝撃。それとサッシーのおもちゃを輸入するってなんて画期的！　それが白鳥さんとの出会いの第一印象です。

雰囲気はとってもとっても穏やかで、ちょっと理科の先生みたいにオタクっぽいのに、おしゃれで、本当にすごく熱い人。人を惹きつけるなんとも言えない魅力に溢れている方だなと。

自分の感性にとっても忠実で子どもみたいに凝り性なところ、体が遊び心でできている。よく覚えてるのですが、子ども用のキックスクーターを輸入されたとき、私たちの前にいきなりそれに乗って現れたんですよね。なかなかそんな人いません。

『エルゴベビー』のサンプルを持ってきたときも、なんの前触れもなく、「これどう思う?」と聞かれました。そのとき、エルゴのビジュアルを見た時は、正直、「流行るかな…。」と思った、のですが、これまでに感じたことがない体重分散力に驚き、「こんなに楽に赤ちゃんを抱けるものが世の中にあるんだ!」と感動したことを覚えています。それを見て白鳥さんは、にやりと笑っていました(してやったり的な)。

その後、その商品を『赤すぐ』に掲載するために社内で議論したのですが、全員から反対されました。しかし、体重分散のすごさをアピールして会議を通過し、『赤すぐ』に掲載。その後、大ブレイクしました。少しはお役に立てて、すごーくうれしかったです。

決して持ち上げるわけではないですが、ダッドウェイが大きくなったのは白鳥さんの本能だと思うんです。ダイバーシティなんて言葉がなかったときから、パパの育児参加を標ぼうしていたし、労働時間の制約が今ほどなかった時代から、時間短縮に注目していたし、ママが育児を楽しみ、かつずっと女性としての自分を意識していられることをとっても大事に思っていたし。

世の中のムードを本能的に読み取る力が強くて、いいことや、すばらしいなと思った商品は、リスクを考え過ぎずにフラットに取り入れる。それが、あまりに策略的じゃないから、みんなが助けたくなって会社が成長したのだと思います！　書いていて気がつきましたが、私は白鳥さんが大好きです。

ネットの時代に対面を大事にする

『エルゴベビー』が日本で正式にデビューしたのは2008年。ちょうど日本でも、SNSが使われるようになってきた頃です。

いわばネット時代の抱っこひも。流れで考えればネットでの販売を第一に考えてもいいのかもしれません。ですが、エルゴベビー社からは、僕たちが輸入代理店となるにあたって、次のような「お願い」をされました。

1つは**「対面販売」を決してなくさないこと。**お母さんたちとしっかり触れ合い、赤ちゃんの様子も見ながらフィッティングをしてほしい。その環境を持っているディストリビューター（輸入販売業者）がいいというのです。

単なるネット販売だけの商売にはしないでほしいというリクエストの背景には創業者カリンさんの「ベビーウェアリング」の考えを伝えたいという原点がありました。

「ベビーウェアリング」とは、抱っこやおんぶで赤ちゃんを身につける（ウェア）ように、いつも一緒にいることを指すことば。赤ちゃんの心を安定させ、親子の信頼感を育み、家族の健やかな成長へとつながるスタイルとして、大切にしています。

いずれ世の中はＥＣ（電子商取引）がメインになっていくだろう。けれど『エルゴベビー』のような親子の物理的な絆にもなる商品は、安全面や心理面、快適性などのケアの点からも絶対に対面販売の機会もなくしてはいけないよというわけです。

これも「ネットの時代」からすれば無常識なのかもしれない。僕たちはネット販売も行うけれど直営店はもちろん百貨店や量販店での対面販売も力を入れて伸ばしている。だからこそエルゴベビー社から選び続けられているとも言えるかもしれません。

そしてもう一つのお願いは**「他社を絶対悪く言わない」**ということ。アメリカの会社としてはすごく珍しいんですね。自分たちの商品に自信は持っているけれど、ほかをけなしてまでいちばんいいというごり押しはしない。

極端に言えば『エルゴベビー』はすごくいいけれど、自分は他社商品が好みだからという人がいたって全然構わない。そういうものを否定するような商売をするのではなく、愚直にやってほしい。そんな考え方がダッドウェイともフィットしたのです。

第3章

12万個以上のリコールに社内だけで対応!

どんなトラブルにも常識にとらわれず立ち向かう

策を考えるより愚直にやる。

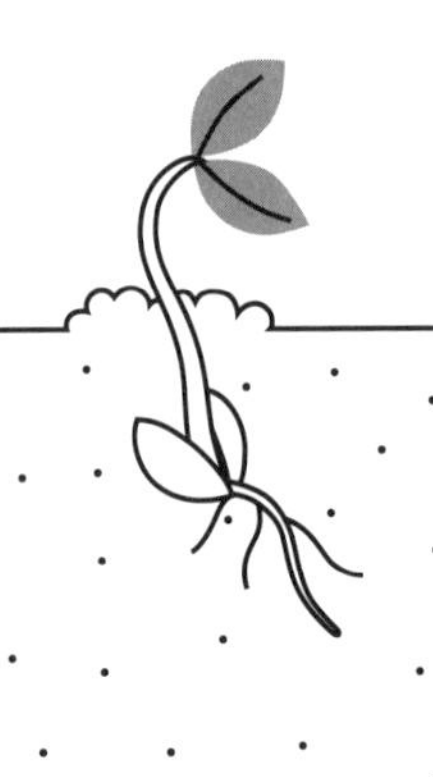

無常識のタネを守る

仕入れストップ事件

1992年に会社を創業した当時は、形式上は家業だった白鳥製作所の一部門、倉庫管理会社をダッドウェイに社名変更させてもらってのスタートでした。

先にお話ししたように周りからは「アウトドアでの父親の子育て」というコンセプトをはじめ、「父親向け育児用品での起業」という考えはまったく理解されず、「どうせ長くは続かないだろう」と思われていた。まあそれも、仕方ないなと僕も思っていたんです。

創業1年目のある時。父親が入院し、その入院先に突然呼ばれこう告げられました。

「明日から仕入れストップだからな」

ちょうど、海外から仕入れた商品が小さな倉庫いっぱいに積み上がっているのを見た兄が「こんなに在庫が売れていないのでは先がない。大きな損失にならないうちに止めたほうがいい」と父に言ったらしいのです。

少ないとはいえ、まったく売れていなかったわけではない。数字をちゃんと伝えてなんとか分かってもらったのですが、やはりもっと売れるようにならないと話にならない。

けれども「父親向け育児用品」というジャンルがいったいどんなところで買ってもらえ

るのか、はっきりとは見えてこなかったんですね。

じっとしていても仕方ないので、妻の実家近くのホームセンターの中に子ども用品と雑貨を扱う店が入っていたのを思い出し、飛び込みで商品を置かせてもらえないか頼んだこともあります。

お取引先さまにお願いするだけでなく、妻と二人でホームセンターの前で手づくりのチラシを配ったりもしました。

そんな具合なので1期目（実質は4カ月）の売上がわずか300万円。次の年、93年が1600万円。本当に零細の域を出ない商売です。出荷がゼロという日もありました。

今から考えれば、よくやって来れたと思うしかないのですが、それでも僕は「だめだな」というふうには思わなかった。根が楽天的なのもあるかもしれませんが、起業したからすぐにうまくいくとも思わなかったし、ずっとうまくいかないとも思わなかった。

ちゃんといい商品を選び、自分も絶対に使いたい、これなら子どもと一緒に外に出かけたり、遊んだりするのが楽しくなると思える商品を愚直に売っていけばなんとかなるとだけシンプルに思っていました。

最初から価格競争はしないと決めていた

起業したときから一つ決めていたのは「価格競争はしない」ということ。売上をつくるために値引きしてもとか、ほかよりも安く売れる商品を探してという考えはしなかった。それをやってしまうと、行き着く先は消耗戦になるからです。どんなに自分が好きなことをやっていても辛くなる。そうならないために別の方策を考えようと思っていました。

その一例が、初期のヒット商品だった『ベビーフリース』です。すごく売れていたけれども、ユニクロが本格的にフリースに参入してきたのでやめることにしました。

常識的に考えたら「もったいない」と思うかもしれません。自分たちがせっかく先行者として広めてきたものなのに。

ですが、どう考えてもユニクロのような大手とまともに戦って勝てるものではない。価格競争をしても自分たちは得るものより消耗するもののほうが多いと思ったので撤退したのです。

ちょうどもともと扱ってきた『ベビーフリース』のメーカーが買収され、品質面でも僕たちが求めるものが担保されなくなってしまうということもありました。

この価格競争をしないのもベビーの業界常識からは外れています。ベビー業界のほかの会社から入ってきた社員は「商談で価格交渉をしない」というスタイルに驚きます。

一般的には、商談では価格交渉が欠かせず、それによってチラシに自社商品が大きく扱われるかどうかが決まるからです。そのために社内営業をして、上司や関係部署のOKも取りつけ、バイヤーと厳しい交渉をする。

そうやって売上をつくるのが業界常識ですが、僕たちはそれをしない。その代わりに「こんなイベントをしませんか？」という集客提案をよくやっています。価格は自分たちの希望する取引価格でやらせてもらう代わりに「楽しいことをやってくれるんだよね？」という取引先の期待に全力で応えるわけです。

自分たちもお客さまも楽しめるようなイベント（例えば、悪路にも強いベビーカーで悪路走行してみよう、パパ向けエルゴベビーファッションショーなど）というコトを考え、提案しその中で商売にもつなげる。

今でこそモノ消費ではなく「コト消費」という言葉が普通に使われますが、僕たちは無常識な商売の仕方をする中で自然に「コト消費」を進めてきたんですね。

リコールという大ピンチと向き合う

僕たちには忘れられない出来事がいくつもありますが、2008年にあった『サッシー』のリコール対応もその一つです。

それまでにも『トンガ』ベビー・ホルダーで、あるロットの商品だけが染色工程のミスで繊維が弱くなっていたために想定以上の力が加わると破損する恐れがあるというリコールを行ったことはありました。ですが『サッシー』のリコールは回収対象個数や市場、お客さまへの影響度の点でも桁外れのものだったのです。

取扱商品の抜き取りチェックで『サッシー』のスマイリーフェイス・ラトルの材質の一部に、本来使われるはずのない物質が入っていたことが判明したのが事の発端でした。

食品衛生法で乳幼児用玩具への使用が禁止されているフタル酸ビスを含有するポリ塩化ビニルが素材の一部に使われていた――。

日本では厚生労働大臣が指定した、乳幼児が口に接触することにより健康を損なうおそれがあるおもちゃについては食品衛生法によって厳しい規制がされているんですね。

この報告が入ってきたとき、僕たちは正直信じられない思いでした。サッシー社もそうですし僕たちもアメリカでの規制基準はもちろん、日本国内での規制基準や法令に合致するように何重にも検査・品質管理体制を取っていたからです。

それなのに規制されている基準を超えた値が検出された。サッシー社も寝耳に水です。どうやらスマイリーフェイス・ラトルの鏡の部分の素材をサッシー社が製造を委託している中国の工場が勝手に変更していたために起こったというのが真相でした。

サッシー社もその変更を知らされておらず、僕たちもまさかそんなことが起こっているとは思いもしなかった。しかも、2008年の少し前から、ちょうど塩ビ素材のフタル酸の人体への影響が取り沙汰されていました。

仮にフタル酸ビスが使われたものを日常生活でずっと使ったとしても、すぐに健康被害が出るものではないというデータも出ていましたが、やはり規制に反しているものである以上は絶対に避けなければいけない。

僕たちとしても本当にそうした変更が勝手に行われていたことは知らなかったことですが、輸入販売業者として「知らなかった」では済まされないことでした。

新聞広告でのリコール告知の決断

当時、『サッシー』の中でもスマイリーフェイス・ラトルは一、二を争う人気商品。リコール対象個数は12万6000個にも上りました。

それだけの数が世の中に出回っているものをどうするか。気が遠くなる話ですが、なによりお客さままである親御さんの不安・心配にきちんと向き合うことが先決。そのために会社としてどのような方針でどう対処するのか。事実関係を含めリコール対応をきちんと伝えなければならない。

そこで新聞広告でのリコール告知を決めたのです。これは正直なところ心が痛みました。発表したくないということではもちろんない。ただ、影響の大きさを考えたときに、お取引先、社員やその家族のケアなども必要になります。

今後の経営にも重大な影響がある。緊急の幹部会議でもいろいろな意見が出ましたが、最終的に僕が言ったのは「愚直にいこう。とにかくお客さまに迷惑をかけるのがいちばん良くないんだから」ということ。

その瞬間から、全社員総出でのリコール対応が始まったわけです。

自社ですべて対応するという無常識

新聞広告でのリコールの反響は非常に大きなもので、1週間で約5000件の入電がありました。

これだけの対応を自社で行うのは無理なのではないか。そんな声も社員から出ました。ほかの業務を止めてしまうわけにもいかないのです。普通であれば、そうした対応を請け負う外部の会社に委託してもおかしくないケースです。

ですが当時のCS（カスタマーサポート）部門、現在のCR（カスタマー・リレーション）のリーダーも含めた幹部たちと話し合い「みんなでやろう」と決めました。CSのメンバーは6人。もちろん、そのメンバーだけでは到底対応できません。

そこで全社員に協力をお願いして、臨時の電話回線も引いて、各部署にリコール対応の電話が鳴るエリアをつくりました。お客さまから電話が入ってからの対応スクリプトをつくり、そのスクリプト通りに受けてもらえれば回収手続きをご案内できるようにしたのです。

もし、それ以上の対応を求められるような状況になればCSグループが巻き取る。流れはシンプルです。そうすればこれまでリコール対応をしたことがない他部署の社員でもやることができ、結果的にお客さまに「なかなか電話がつながらない」とお待たせすることを避けられます。

とはいえ12万個以上も売れている商品ですから入電の数がものすごい。当初は土日も休まずに連日電話対応をしました。中心となったCSのメンバーは、あまりに忙殺され過ぎて「当時の記憶が飛んでしまっている」と言います。

当時は、『サッシー』が『赤すぐ』での広告展開で火が付いたこともあり、社外ではダッドウェイの社名よりも『サッシー』のほうが有名で、営業で回っていた社員がお取引先から「サッシーさん」と呼ばれていたぐらい。そんな中でのリコールだったわけです。

さらに難しかったのはリコールの対象ロットとなったスマイリーフェイス・ラトルの中でも規制物質が使われているものとそうでないものが混在しているということでした。

そのままでは分からない規制物質使用の有無を判別できるように、お預かりした商品が規制をクリアしているかどうか確認できる環境を整えました。

監督官庁である経済産業省にも、その都度、現在のリコール回収数を報告して終了することができましたが、ダッドウェイにとっては一連の出来事はまさに大きな嵐でした。

他人任せにしないからできたこと

いったいなぜ、それほど大変かつ対応を間違えたら会社としても命取りになりかねないリコール業務を自分たちで最初から最後までやったのか?

現実的な理由の一つには、僕たちが決めたリコールのフローが非常に複雑だったということがあります。通常、こうしたリコールであれば対象ロットは全品回収して正常なものに交換もしくは返金というかたちを取ることが多い。

ですが、スマイリーフェイス・ラトルでは対象ロットの中にも問題のないものも含まれているので、その場合は、いったんこちらで検査をしたうえでお客さまにお戻しするというフローも加わったのです。

お客さまから個別にご要望をうかがい、返金、交換、問題のない良品であれば検査の後お戻しという枝分かれをするため、外部にその作業を出すことのほうがリスクがあるという判断をしたわけです。

もちろん、外部に委託すると費用がかさむこともありますが、それ以上に僕たちの場合はそれまでも小さなリコールも含め、**自社でお客さま対応を重ねてきた経験、そこでの学びを活かしたマニュアルやフローが整備されていたので何かあれば即対応できる**というのが大きかった。

それらは僕が指示したものではなくＣＳのメンバーが自分たちでコツコツと経験を積み重ねてつくってきたもの。財産です。

メンバーはいざということがあると、すぐに「じゃあ、それなら○○の対応のときと同じフローでやれるね」と見極めと判断ができる。対象個数からどれぐらいの電話の数が入るかもだいたい想定でき、ほぼ予測通りになるといいます。

もちろん、そうした問題発生やリコールはないほうがいいのですが、輸入販売を行っていることもあり規模の小さなものも含めると、やはり避けては通れない。こういった、本来なら誰もができればやりたくない対応も他人任せにしない選択をしているからこそ、即アクションに移ることができ、結果的にお客さま、お取引先にかかる迷惑や心配を最小限にすることができているのだと思うのです。

もしかしたら「そこまで自分たちでしなくても」と思われることもあるかもしれない。だけど、それでも僕たちは「しょうがないね」にはしたくない。自分たちの商品に何か問題があったというのは、本当に痛みを感じる。申し訳ない。本来なら赤ちゃんやペット、ママ、パパ、その周りにいる人たちを笑顔にするためにあるものを扱ってるわけですから。

そうした気持ちが強いので、やっぱりどんな問題に対応するときも他人任せにはできないし、したくないんです。

自分事としてとらえる大切さ

今の時代は、企業を取り巻く危機管理はシステムも含めてすごく進んでいます。僕たちもそこは否定しません。さまざまな関係者に対して存続責任もあるわけですから。

ですが、僕たちの場合、やはりどんなときもいちばんに考えるのはお客さまであり社員のこと。つまり「人間」なんですね。当事者のみんなにとってどうなのか？ そこがいちばん大事じゃないですか。

どんなにシステム的に整っていても肝心の人間が置き去りにされたのでは意味がない。お客さまからの窓口となる現在のＣＲ（カスタマー・リレーション）のメンバーもそうです。すごく対応力が高く、どの部署の社員もお客さま（エンドユーザー）のことはＣＲに任せれば大丈夫という信頼感を持っています。

CRのリーダーいわく「お客さまに寄り添い過ぎるぐらい」なんだと言います。

リコールもそうですがお客さまとのシビアな対応は、通常なら「できればしたくないけれど仕事だから行う」意識が少しはあっても不思議ではない。でもCRのメンバーは、仮に商品や売り場でのお客さまとのやりとりに何か問題があれば「本当に悪いことをした。申し訳ない」と思ってお客さまと向き合っています。

だからこそ、リコールのときも外部委託して「事務的な対応」になってしまって、そのことでさらにお客さまに嫌な思いをさせてしまうほうがつらい。それなら自分たちで全部やろうということになるんですね。


その土壌をつくっているのは「自由度の高さ」だとメンバーは言います。CRでやることに対して僕や会社から予算も含めて「どうしてそこまでやるんだ」ということを言わない。完全に信頼して裁量を任せてる。メンバーもそれに応えてやってくれる。

スマイリーフェイス・ラトルのリコールも、あれほどの規模だったのに『サッシー』のブランド価値もダッドウェイに対してのお客さまからの信頼感もほとんど損なうことなく済んだのは、**おざなりではない対応をCRのメンバー中心に社員みんながやれたから**なんです。

もし、そこに会社からの事務的で一方的な対応指示がされていたら、そうはなっていなかったと思う。自分たちで「このほうが絶対にいい」と信じて積み上げてきたものを活かして対応フローやスクリプトづくりをしたので、みんなが「自分事」としてとらえて厳しい状況を乗り越えることができた。僕はそれが誇りだな。

そうした僕たちの想いが一方通行ではないことを教えてくれるのが、お客さまからのお手紙やメールです。

リコールもそうですが何か不具合があったときの対応後に、CRグループではお客さまに対して「今回の対応はいかがでしたか？」という簡単な調査を行っています。

それに対して、商品の不具合や対応の不手際があったことは残念だったけれど、その後のリカバリーや社員の対応が想像以上で「お客さま対応のイメージが変わった」「なんだかいい気持ちになれた」とありがたい言葉をいただくことが多いんですね。

それも、誰か特定のメンバーだけがそうしているという属人的なものではなく、ほとんどのメンバーがみんなそうしたお返事を受け取ってる。それが人事異動でメンバーが入れ替わっても受け継がれているわけです。そのことが本当にすごいしありがたいと思う。

何かが起こったときのお客さま対応の常識も、それが本当にお客さまと社員、関係者のためにいいことなのかをゼロベースで考えることが必要なのかもしれません。

初めてのこともやるだけやってみる

「起き上がりこぼし」という日本の昔からの赤ちゃん向けのおもちゃがあります。

重心が底にある雪だるまのような人形で、赤ちゃんが触れると傾いて音が鳴りまた元に戻る。その動きと音が赤ちゃんの興味を惹いて遊ぶもの。

このおもちゃの存在を知った社員が口コミを調べていくと、おじいさま、おばあさまが孫にと買ってくれるけれど、その独特の「顔」がちょっと昔っぽいので部屋のインテリアに合わず置きたくないという若いお母さんたちの声が結構あったんですね。

けれども、その独特の音色がなんともいえずいい。そこに魅せられた社員が、せっかくの歴史ある日本のおもちゃがそんなふうに避けられてしまうのはもったいない、なんとかできないかと考え、現代風にアップデートしてつくれないかというアイデアを出してきました。

ダッドウェイではそれまで海外のベビートイを扱ってきましたが、日本の伝統的なおもちゃを新しくして自分たちで開発するというのは初めて。当然、何もノウハウも技術もありません。

そこも常識的に考えれば「無理」となるかもしれませんが、僕は「やってみようよ」と言いました。基本的によほどのものでなければ、一度やってみればいいというのが僕の考え。**やってみたけれどやっぱり難しかったとなれば、そこでやめればいい**んです。

やる前から、難しそうだからやらないというのはしたくない。**「迷ったらゴー！」**だよというのもよく言います。迷えるということは可能性があるじゃないですか。まったく可能性もないものならそもそも迷わない。だから、やってみようよ、です。

しかし、どこでどんなふうにつくられているものなのか？　日本の伝統的なおもちゃの世界に何もつながりがないところからのスタートです。いろんな情報をたどって、起き上がりこぼしを製造している工場を探し当て、社員が飛び込みました。

相手は昔ながらの職人肌の工場経営者。単純にビジネスでという話では首を縦に振ってくれません。そこをなんとか自分たちの想いを伝えて、時には意見を闘わせたりもしながら、それでもなんとか現代版の「起き上がりこぼし」の開発を行い続けました。乳幼児用の玩具に必要なさまざまな試験をクリアしたときにはお互いに抱き合って喜び合ったといいます。

　向こうから見れば、僕たちは海外から新しいベビー用品やおもちゃを輸入販売している側の人間ですから、昔ながらのものを黙々とつくり続ける世界とは真逆。そんな中で、単純にビジネスの論理で話は通じないんです。

　だからこそ、社員も根気強く通い詰めて、昔からある「起き上がりこぼし」の良さを生かした新しくファンを広げられるものを届けたいという気持ちを前面に出した。それをしていなければ無理だった。

おきあがり・ムックリ

これも自分たちの仕事のやり方、考え方の常識を相手に押し付けたり、そこにとらわれずに無常識で向き合ったことが型になったのだと思うんです。

こうしてダッドウェイのオリジナルブランド『ソルビィ』第一弾トイ商品として「おきあがり・ムックリ」が誕生。職人手づくりの美しい音色が楽しめ、しかも卵型でいつでもどんなときも楽しい気持ちにさせてくれるデザインの現代版「起き上がりこぼし」を世に出すことができ人気商品になりました。

この「おきあがり・ムックリ」も温故知新の新しいタイプのおもちゃとして「グッドトイ賞」を受賞しています。

第4章

営業部員の商品開発、新卒採用にキャンプ体験、社内ファッションショー……

「型」のない組織づくりが新たな発想を生む

筋肉で覚えよう。

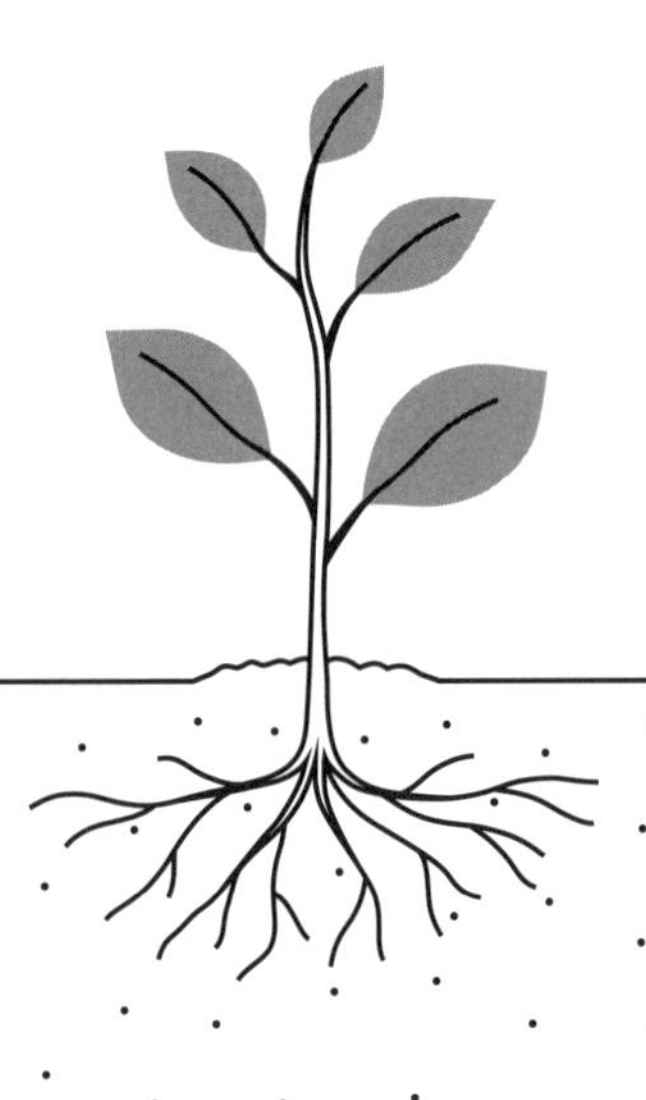

無常識の根を張る

無常識な経営スタイルとは

この本でも最初にお話ししましたが、僕はマーケティング的に全体像を描き戦略的に動くというタイプではありません。

普通であれば経営者は事業計画書をつくり、そこに示したものに到達するように経営をしていくのかもしれないけれど、僕はしませんでした。その通りになんてなるはずないから。

だからといって、まったくの行き当たりばったりで無軌道に経営をするのがいいということでもない。事業の成長度合いや社員数が増えるといった環境変化に合わせて、無理のないように、できるだけストレスなく社員が楽しく仕事や生活ができるようにということをベースに考えて、いろんな仕組みをつくったりもしてきました。

なんていうのかな。**自然界の植物が環境変化に適応できるように自らを強くしていく**といったイメージが近いかもしれません。

経営の最初の山は2008年頃。『サッシー』が大ヒット商品となり、それに伴って社員数も増えたことで、規模感に合った組織体制に変わっていきました。といっても、中小企業の場合、理想像を描いてつくるというよりも実情に合わせていくというほうが大きい。

規模が小さい間は、例えば社員の子どもが急に熱を出したというときは「いいよ、早く帰りな」とその都度対応して済んでいたものを、それでは業務に支障が出るので急な対応をどのように仕組み化するかを考えるわけです。

ただ、会社が小さいときも成長を始めてからも変わらないのは**「人間的」な考えで対応をすること**。社員が仕事以外のことや家族のことで困っていたり、何かサポートが必要なら、どうしたらそれができるかと考える。そのことで業務に支障が出る心配があるなら、そこもカバーできるような仕組みにする。

そんなのはこれまでの常識で考えれば事業とは関係ない個人の問題だと切り分けることもできます。だけど、それをしてしまったら「しあわせな家族をつくる」というダッドウェイの理念と矛盾するし、そもそも自分だったら、家族の困りごと、悩みがあるときにいいパフォーマンスは出せない。

その考え方はお取引先さまに対しても同じです。例えば、商品の配送も、個人経営のお店のお取引先さまなら「1個」からでも配送をしました。

これも輸入販売、卸の常識からはあまり考えられないやり方です。普通であれば1ダースなどのある程度の単位でまとめての出荷配送をします。でも、個人経営のお取引先さまに対してそんな配送方法では相手も在庫を抱え過ぎるし、そもそもそんなに商品を置ける場所もありません。

自分たちがもし個人経営で商売をしていたら、そんなのでは困るだろうなと思ったので、3万円までのオーダーは配送料はいただくけれど1個でも届けますよというやり方にしたんですね。

安心安全な海外製品という信頼を築く

『サッシー』スマイリーフェイス・ラトルもそうでしたが、海外製品を輸入販売する商売では、商品の思わぬ不良や通知なしの仕様変更といった想定外のことが起こります。

そうしたときに、海外のものを扱ってるのだから「仕方ない」とするのか、それでもできるだけなんとかできないかと考えるのか。大きく分かれると思うのです。

僕はそこでも誠実に愚直で丁寧に向き合いたい。本来、起こってほしくないリコールでも、どうしようもなく起こることはある。そのときにも「ダッドウェイは逃げないですね」

と言ってもらえるような行動をずっとしてきたので信頼が崩れなかった。

実際に2008年のリコール後も『サッシー』の人気は落ちることはありませんでした。社員もその結果を肌身で感じて、自分たちが大変だけれども向き合ってきたことは間違ってなかったんだと思えた。

いいことではなかったけれど、リコール対応で私たちが学びを得られたことで**会社の軸＝大切なことはこれなんだ**というのがさらに明確になったと思うんです。

もし、どこかで「自分たちの責任ではない」「できれば隠しておきたい」という考え方をしていたら、そのときはうまくやり過ごせてもどこかで必ず痛い目にあってるはずです。


そもそも、2000年代初め頃までは、ベビー、育児用品の世界では海外製品を積極的に扱うこと自体がどこかまだ後ろ向きなところがあったんじゃないかな。

特に乳幼児向け製品に対する日本の基準は厳しいので、市場もほぼ日本メーカーが独占。そこをあえて海外製品を積極的に扱おうという空気にはなかなかならなかった。販売店としては何かあったときのことを考えると日本製ではないものはリスクが大きいのでやりたがらないんですね。

当時、乳幼児向けの海外製品は、やっぱりどこか安心安全からは遠いイメージを持たれていました。だからこそ僕たちは扱う商品を日本メーカー製と同じような基準で検査や品質管理を独自に行いました。

すごく地道な部分で目立たない。でもそれを愚直にやってきたことで、海外のベビー用品でも安心安全だねと社会から思っていただけるようになった。

それまでの「常識」を僕たちが変えてきたんだと自負している社員は少なくありません。振り返ってみれば、創業間もない頃は仕事の厳しいバイヤーに「なんで俺が輸入品を売らなくちゃならないんだ」と言われたこともあります。それぐらいベビー、育児用品の世界では国産品、天然素材への信頼が厚かった。

そこを社員20人ほどの頃から「安心安全」を知ってもらうことを軸にして、みんなで当たり前に無常識に取り組んできたのでした。

営業部員が商品開発をする

僕たちの会社は外から見ると、一つの決まった型にとらえることができにくいようです。全体で見れば同じ空気感を感じるけれど、社員個々で見るといい意味でバラバラ。

同じ樹の幹から枝葉が自由に出て、いろんな種類の実がなっている。そんなふうに見えるでしょうか。そんな経営や組織の型でどうやってヒット商品が出せるのか。そこを不思議に思う人もいるのかもしれません。

例えば営業担当の社員が商品開発に回ることがあるのもその一つ。抱っこひも『エルゴベビー』の営業をしていた社員もそうです。『エルゴベビー』が売れ始め、お客さまからさまざまな要望もあがってきていました。

当時は肩ベルトのカバーも無地のものしかなく、もっとおしゃれでかわいいデザインのものが欲しいねという話になり、営業担当社員が「僕がオリジナル商品をつくります」と手を挙げたんですね。

彼は主に百貨店をメインに担当し、そこでも売り場のスタッフとの関係性をすごくつくっていたので、リアルに「こんなものがあればいいのに」という声を感じていた。だから、お客さんが欲しいものが世にないなら自分がつくると考えたわけです。

これも常識的に考えれば、あまりないことなのかもしれない。でも僕は、営業に限らずこの担当だからこれをしてはいけないというのはないと思う。もちろん彼の場合も最初は営業をしながら開発も行い、ブランドの管理、MDと自分でやることを広げていきました。

会社がこうしなさいとレールを敷いたわけでもなく、自然に「やりたいこと」を積み重ねていった結果です。それがいいんだと思う。命令してこんなふうにしなさいと言ってもどこかで無理が生じます。

『ベビーホッパー』というオリジナルブランドに2018年に発売した「ベビーカー&ベビーキャリア用ポータブル扇風機」という商品があるのですが、それも最初からこのカテゴリーのものを開発しなさいという話はまったくありませんでした。

巷でハンディタイプの扇風機がヒット商品になっていて、それをお子さんの暑さ対策で使われているケースも多かった。ただ、その姿を見た社員が「せっかくベビーカーもベビーキャリア（抱っこひも）もカッコいいものが増えてるのに、なんだかハンディタイプの扇風機はあまりカッコいいものがないな」と感じたのがきっかけです。

そこでベビーカーと一緒に使っても違和感のないカッコいいデザイン性を持たせ、なおかつ『エルゴベビー』などの抱っこひもにも着けられる機能性も持たせた扇風機を開発し、猛暑ということもありあっという間に売れました。

とはいえ、布製品などとは違って金型からつくる必要があるためコストは試作品やデザインも含めかなりかかります。そもそも僕たちは、家電製品に近い商品のノウハウも持っていません。しかも、育児用品市場では大手メーカーがすでに同じジャンルで扇風機を販売していて、僕たちよりもかなり安い。

普通に考えれば、商品化の企画にOKが出にくいものなのかもしれません。ですが、僕はどちらかと言えば「ありきたりの普通の商品」よりも「少し変わったもの」「おもしろいもの」のほうを世に出したいという気持ちが強い。

他社より少し価格が高くても「これならおしゃれでカッコいいから使いたい」と思える「ベビーカー&ベビーキャリア用ポータブル扇風機」ならいいじゃないか。そう考えたので僕は「やってみたら」と言いました。

ここでも「ぜひやりなさい」という強い言い方はしないんです。「やってみようよ」という感じです。あまり肩に力が入ってない。

これはあるといいなと社員の中で自然に想いが膨らんだものなら、そこに上からあれこれ口をはさまず「やってみれば」と言う。だからこそ、同じ樹の幹からいろんな思いもしなかった商品が生まれるのだと思うのです。

ベビーが集まらない街に直営店をつくる

２００７年にダッドウェイ初となる本格的な直営店をラ・フェンテ代官山という商業施設にオープンさせました（２０１８年に商業施設周辺の再開発に伴い閉店）。

これも経営上、無常識な挑戦でした。なぜなら、当時の代官山はおしゃれで感度の高い人が集まるファッションの街としては有名でしたが、ベビー・育児用品を扱う店はほとんどなく、子ども連れで遊びや買い物に行くエリアではなかったからです。

そんな場所になぜあえて出店するのか？　常識で考えれば難しいことは目に見えています。それに地価も高いので坪単価も高く、収益面でもハードルは高くなる。

僕たちがポツンと出店しても難しいだろうなと思っていたのですが、ベビーストアの集積地をつくりたい、その一員としてどうしても出店してほしいというデベロッパーの熱意と条件提示があり、もしかしたら採算が取れるかもしれないと考えて出店を決めたんですね。

僕たちがテナントとして入ったことで、思わぬ変化もありました。ほかのベビー・育児用品のメーカーも代官山への出店が始まり、気がつくと代官山が子連れのパパママが回って楽しめる街に変わっていったのです。

もちろん僕たちだけの力ではなく、デベロッパーが「この街を子育て世代が訪れる街にしたい」と考え、ベビーカーで入れるお店を掲載した街全体のマップをつくって駅で配布するなど地道な努力もあったおかげです。

さらに、子育てをしている芸能人、タレントさんが来てくれるようになったのも大きかった。自分用、ギフト用に買っていただけ、それをたくさんのフォロワーがいるＳＮＳで発信してくれることでそれを見たお客さまが来るという好循環も生まれました。

経営的な意味としては、ベビー・育児用品のさまざまなブランドの輸入販売を行ってきたダッドウェイという会社自体のブランドをもっと認知してもらえたらというのもあります。

これがもし、すでにベビー・育児用品を扱うブランドがたくさん入っているショッピングモールなどへの出店であれば、それほどダッドウェイという会社のブランドは目立たなかったかもしれない。あえてベビーが集まらない、それまで大人の街というイメージが強かった代官山への出店をしたからこそ同時にダッドウェイのブランド認知もアップさせることができたわけです。

前例がないから、やってみよう

ダッドウェイという会社を無常識でやっていくときに、いつも思うのは「前例がないこと」のくり返しだなということです。

自分が好きなこと、アウトドアで育児がしたい、そのために使える道具や育児用品がないから海外から見つけて来たり、自分たちでつくる。それが「事業」のきっかけになり、いつの頃からかベビーやペット用品の世界でも注目されるようになった。

しかし父親の子育てという事業においては「前例」なんてありません。経営のお手本にするものもなかった。すべてやってみて、どうなるかを検証するしかない。

そんなふうに経営をしてきたので、僕は「前例がないから」と否定的に判断するのが嫌いです。そうじゃない。**前例がないから、やってみようよ**。もちろんなんでもいいわけではないけれど、たいていのことはその考え方でなんとかなる！　そう信じています。

ある時、アメリカから輸入した商品のコマーシャルインボイス（出荷個数や金額、貿易条件などが記載された書類）の数字と実際に輸入された個数が違っていたことがありました。インボイスのほうが実際の個数よりも多く記載されていたんです。

関税額はこのインボイスの数字で計算される。となると、僕たちは実際よりも多く関税を払ってしまっていたことになるわけです。この金額が馬鹿になりません。

そのままにはできないので税関に対して、払い過ぎた関税を戻してもらうように頼むと「そんなことはできません」という返答。横浜税関に乗り込んで直談判したのですが、書類に基づいて一度払った税金は基本的に還ってこないんです。

取引をしている貿易会社からも「無理です。前例がありません」と言われました。けれど、前例がないからというだけで引き下がることはしたくない。だめ元でいいからとお願いして貿易会社の担当者と実際に輸入された個数をどうにかして証明し、最終的には払い過ぎていた関税を戻してもらうことができました。

小さなことかもしれない。けれど、どんなことでも「前例がないから」と言われて、そのまま思考や行動をやめてしまうと、また次に同じような状況でも諦めることになる。それはすごくもったいない。だから僕は「前例がないから」という言葉が発せられると反射的に「じゃあ、やってみよう」と思うんです。

問題の角度を変えてみる

これもアメリカから牛革のバッグを輸入したときのことです。サンプルではとてもきれいな美しい革だったものが、実際に輸入してみると、バッグにかなりたくさんの傷跡や皺が入っていたんですね。

しかも、そのバッグの売り先は商品の品質に厳しいことで有名な通販会社さん。これは絶対にクレームになるなと思い、アメリカのメーカーに問い合わせると「それは牛が大草原を走り回ってできた生活の傷。そういうものだ」と言われました。

そう言われればたしかにそうなのかもしれない。でも困ったな。どうしたものかと考え、商品のバッグ一つひとつにこんなメッセージを付けることにしました。

《このバッグには最初から少し傷や皺が付いています。これは牛たちがアメリカの大草原を走り回り生きてきた証。どうか、この風合いを手に取りながら大草原に想いを馳せてみてください》

苦肉の策です。でも嘘ではない。とにかく返品になると大変なのでなんとかこの商品特有の傷に愛着を持ってもらおうと考えたわけです。

　その結果、商品には1件のクレームもありませんでした。

　こうしたことは周囲からロジカルにやっているようにも見られるのですが、実際はなんとかするために頭を働かせているわけです。でも結果的には理屈も通じている。そういうことが僕たちにはよくあるかもしれない。

　どんな問題もあまりに真正面から向き合いすぎると難しくなってしまいます。牛革の傷もそうです。真正面から傷を問題ととらえてなんとかしようとしても難しい。それなら「牛が大草原で生きてきた証」というとらえ方をして**角度を変えてみる。そうした発想をすることが無常識につながる**と思うんです。

　お父さんの育児も真正面すぎると難しい問題がたくさん出てきます。それよりも角度をズラして「どうしたらお父さんも楽しめるか？」という問いを立ててみる。僕はそっちが好きですね。

　問いをどのように立てるかは、問題を解決することと同じぐらい大事。人生は答えのないことのくり返しだから余計に**問い続けることが大事**だし、そのほうが人生をより豊かに楽しめるのではないでしょうか。

だから僕はダッドウェイの基本思想として**「ライフコンセプト」**という造語をつくり提唱しました。「子どもが生まれ、育み、一緒に生きていく過程を通じて、愛、生きる喜び、悲しみ、苦しみの意味、意義を真剣に考え続け、家族みんながより良い人生を歩んでいこう」。

考えることではなく、進行形で考え続けること。「続ける」に大きな意味があるからです。

筋肉で覚えようよ

世の中一般的に「優秀な社員」と言えば、業務知識が豊富で、その知識やノウハウレベルも高く、仕事で高い成果を出せる人を言うのだと思います。

いわゆる「頭のいい人」ですね。もちろん、そうした優秀さも必要なのだろうけど、僕がよく言うのは**「筋肉で覚える」ということ。これがすごく大事**なんです。

例えば、街の育児風景を変えたとも言える抱っこひも『エルゴベビー・ベビーキャリア』導入のときもそうでした。見た目はゴツくて、全身がキャッチャーのプロテクター（防具）

みたい、そんなの誰もつけないと散々な言われ方をされました。

でも個人的に使っていた女性社員は「つけてみるとびっくりするぐらい楽」と言う。僕も孫を抱っこするのに試してみたら「これはすごい」と思いました。本当に見ると使うとでは全然印象が違う。

理屈ではなく体、筋肉レベルで「ああ、これは楽だな」を体感するんです。頭だけでいくら「これは本当に売れるのか?」と問いを立てても、なかなか納得できる答えなんて出てきません。でも「体験」「体感」すると、すっと答えが出ることはよくあるんですね。

営業場面でも、バイヤーとの商談では「値段は?」「機能は?」という問いをベースに話すことが多い。「ちょっと自分でつけて体験しよう」という人は男性だとほとんどいません。

自分で体験して体感するだけで、全然見えてくるものが違うのにもったいない。僕は、ペット用のおやつだって食べてみます。「えっ?」という顔をされるのですが、ペットに害になるような材料は使ってないのだから、やってはいけないことじゃない。

そういう意味では**ダッドウェイの無常識経営は「体験・体感主義」**とも言い換えられる

のではないでしょうか。

コト消費がなかった時代から体験を売る

ベビー・育児用品の世界でお取引先がフェアを開催するときも、どんな金額を出せるか、値引きをどうするかが「提案」の中身になることがほとんど。でも僕の会社では提案の概念が違うんです。

「この期間、この場所をダッドウェイさんに任せるから何かおもしろいことを企画してください」とお取引先さまから言われる。今でこそ「コト消費」という言葉が使われますが、そんな言葉がなかったときから僕たちは**「体験型」の提案をして、その流れの中で自然に商品の良さや機能を知ってもらう、感じてもらう**ことをずっとやってきたんですね。

創業期から営業をけん引してきた人間も無常識。カーゴパンツとTシャツで百貨店のバイヤーに営業にも行く。業界の常識からすればとんでもない話だったんです。実際、最初の頃は「出直して来い！」と怒られたこともありました。

だけどそこで常識に従っていたらほかと同じレベルで勝負することになる。僕はもともと勝負というのが好きではない。勝負しないで結果的に勝てるようにしたいんです。

だから、常識的な格好で常識的な価格交渉メインの商談ではなく、体験、コト重視の商談をしました。

商談の服装に関しても、彼は「世の中のお父さんたちに育児を楽しんでもらう提案をするのが僕たちの仕事。育児を楽しむのにスーツなんて着ない。だから提案する側も楽しい雰囲気になれる格好をするんだ」と。

本当に無常識な話かもしれないけれど僕はそれを聞いて「なるほどな」と思いました。もちろん、それが言葉だけで終わっていたら絶対に信頼なんてされない。彼も率先してお取引先さまからの要望を引き受け、一緒になって考え行動することを態度で示したからこそ「ダッドウェイさんに企画任せるよ」と言っていただけるようになったわけです。

お父さんの育児参加と正面から言ってしまうと堅苦しいけれど、「ベビーカーで悪路体験してみませんか?」という体験型の提案をすれば、お父さんたちも「おもしろそうだな。ちょっとやってみようか」となります。そんな活動はほかではやってなかった。

そんなこともあって時代の流れと共に、昔ならお母さんとおばあさまメインだったたベビーカー売り場で、お父さんも一緒にベビーカー選びをする姿が普通に見られるようになりました。

「どっちのほうが似合うかな」と、まるでファッションやライフスタイルの一部みたいに、ベビーカーを手にスマートフォンで写真を撮って確かめ合っている家族の様子を見ると、無条件にいい光景だなと思うんです。

新卒採用にキャンプ体験も

この会社は何かが違う。

新卒採用の場面でも、そんなふうに僕たちの会社に興味を持ってくれる学生が少しずつ増えてきました。

話を聞いてみると、こういうことでした。

『他社では「こうしないといけない就活の常識」に合わせる場面が多かったけれど、ダッドウェイの社員は「自分」のありのままを見ようとしてくれる。私服で忙しそうだけど楽しそうに働いてる姿が印象的。他社は人事面接からなのに、まず幹部の方からの面接で驚いたけれど、それだけ会社の経営の姿もそのまま感じられた』。

そんなふうにダッドウェイを新鮮に感じてもらえてたのが僕もうれしかった。もちろん、会社全体で見れば要改善な部分もたくさんあるのですが、そこを差し引いても魅力的な部分が大きいと感じてもらえるのはいいことですから。

年によっては新卒採用の最終選考でキャンプ体験をすることもあります。重要な場面なのにキャンプ？　と思われるかもしれないのですが、べつに奇をてらったわけでもなく、そのほうが自然に一人ひとりと向き合えるから。

自然の中でいろんな体験をすると、自分をどう見せようと考えるよりも、自然との接し方、感じ方、自然の中での仲間とのつながり方といった部分で素の人間がお互いに感じられる。言葉にしないことでも、そういうのが伝わってくるんですね。

火をおこす作業でも、普段の生活ならボタンをピッと押せば火がつく。それをどう工夫して火をつけるか？　そこも楽しんでいろいろ試行錯誤できるほうがいい。そしてたき火を囲んで素直にいろんな対話をする。

そんな時間がお互いに大事だなと自然に思えるから、自然の中にいるのが僕は好きです。

どうしたら仕事を楽しめるか

僕は、これも言葉にすると語弊はあるかもしれないけれど、**基本的に仕事は楽しむものだと思っています。**そう信じている。自分が楽しめない、のめりこめないでやったことはいい結果にもつながりにくいし、誰かを幸せな気持ちにすることもできないからです。

本来、人間にとって生きていく上で「楽しむ」ことは大事なんです。そんなふうに言うと「仕事を楽しむなんて、そんな甘いものじゃない」と言われたこともありました。世の中はそんなに甘くないんだと。だったら、世の中を甘くしようよ。僕はそう思います。

仕事は基本的に厳しい。じゃあ、どうしたらそれを楽しいものにできるか考えよう。そこに知恵と労力を注ぐと、ただ歯を食いしばって何かを我慢して仕事するだけじゃ見えてこないものが見えてくるんじゃないのかな。

僕の個人的な経験だけど、こんなこともあった。まだ子どもが小さいとき、妻が3カ月入院したことがあったんです。起業してまだ間もない頃です。常識的に考えたらかなり大変な事態です。昼間は子どもたちの祖父母がある程度面倒を見てくれるけれど、基本的には子育て、家事を全部働きながら自分がやらないといけない。

でも僕は「どうしたら家事を楽しくできるか？」「少ない時間の中で効率良くできるか？」を考えたんですね。

まずやったのは自分が使いやすい家事のツールをそろえることでした。食器洗いのスポンジ一つでもいろんな種類がある。これは機能的で良さそうだな、これはカラフルで目にしても楽しいな。そんな感じで、ひと通りのものを買いました。退院後に妻は、いろんな家事の道具が増えていることに驚いていましたが。

でも、僕はそれでいいと思うんです。自分が楽しくなれそうな道具をそろえるところから入っていったっていい。そのほうが「楽しめる」じゃないですか。育児だって同じだと思っています。

妻が入院していたときも、子どもたちを連れてお見舞いに行ったときに、病院の庭の隅のほうで持ってきたサザエなんかをキャンプ用のコンロで焼いたりして、家族でミニバーベキューをしたりもしました。山の麓にある病院だったので自然が豊かだし、そこなら迷惑にもならないだろうと思ったからです。

入院やお母さんのいない生活も、そのままだったら寂しいし、しんどいものになる。でも、そこにちょっとした楽しみを付け加えれば、もう少し頑張ろうってなれる。僕は、やっぱりどんなときもそういうことを忘れたくないんです。

育児もそうです。お父さんたちが**「イクメンをしなければいけないもの」としてとらえたら、やっぱりしんどいし、そんなふうになったら子どもたちだって一緒にいることを楽しめない。**そうではなくて「これなら楽しそう」をどれだけつくれるか。

そして、そもそもお母さんたちにも楽しんでほしい。

もっと言えば「楽したい」だって構わない。だから僕たちは、子育てを親も楽しめるような商品提案をすごく力を入れてやってるんですね。

仕事も育児も家事も、どれも基本は同じ。もっと楽しもうよ。楽しんでやることが自分も周りも笑顔にしていく。そう思える人がもっと増えればきっと世の中のいろんな問題は今よりいいかたちで解決されていくんだと思うのです。

無常識を安定経営させる

こんなことを言うと誤解が生じるかもしれないのですが、僕はもともと商売上手じゃない。どうしても儲けたいという気持ちがそこまで強くないんです。

もちろん会社の経営はちゃんとしたい。会社が安定経営できる利益は出さないといけない。**なぜなら、利益は社員と会社を守るコストだからです。**それには責任があります。労働分配率などの経営指標も大事にしたい。

会社が大きくなるにつれ、経営マネジメント面、制度面などでもさまざま課題も出てきますし、そこにちゃんと向き合って、より良くなるために絶えず変化していくことは、ますます重要です。

あの人には良くて、自分にはどうして良くないのかという不公平感や組織の中でのやられ感は会社には絶対にないほうがいい。

そこを改善していくには、自分たちだけでは難しいこともあります。そんなときは外部の力を借りるのは当然。僕の会社でも、男女ともに働きやすい職場環境を推進する市内中小企業の認定制度である「よこはまグッドバランス賞（2008年から継続受賞）」に合わせて社会保険労務士の先生のアドバイスのもとで業務改善を行ってきました。

ダッドウェイがダッドウェイらしさを活かしたまま楽しく働くことができ、結果的に無常識な経営が続けることができて、みんなのより良い人生をつくるために必要と思われる存在であり続けるには、これからも「何もしない」という選択肢はないのです。

ここまで読んでこられた方の中には、おや、ちょっと想像していた経営のイメージとは違うなと思われた方もおられるでしょう。**無常識な発想や行動力を大切にするためにも、きちんとしたほうがいいところはどこよりもきちんとしようぜ**という考え方です。

例えば、新商品の選定、買い付けから輸入、販売までの一本の軸でどんな業務にどの部署がお互いに関わっているのかシステムを見直す。自分の部署の仕事だけがうまく流れていてもその業務全体で見たら改善要素はあるかもしれない。いや、必ずと言っていいぐらいあるものです。

ほかの部署で何かがボトルネックになっていたとしたら、その前工程の部署でボトルネックにならないように業務を改善して次の部署の流れをスムーズにすることもできるじゃないですか。

そういうところは、世間で言われる「ここまでやっていれば良い会社」というものにとらわれず、こだわり続けてもっといい型を目指せるようにしたい。そう思うんです。

型のない組織をつくる

究極の理想を言えば、本当にいい会社であれば組織の型がなくてもいいのかもしれない。

そんなことも考えます。

この本でも僕は子どもの頃から自然の中にどっぷり浸ってきた話をしました。群からはぐれた熱帯魚を、家で越冬させて海に還してみたり。そうした経験も影響しているのかもしれません。

大自然の中にはどの生物もそれぞれの力で生きられる仕組みがある。そこから学べることはないか？　僕はもっと、社員みんなが自分らしく楽しく泳ぎ回れる環境をつくりたいんですね。

だからこそ、あらゆる常識に対しても「本当にそうなのかな？」と自分を常にゼロリセットさせ、そこから振り子のように、いろんな可能性を行ったり来たりしています。その姿は周りから見れば「あの社長は、何を考えているんだろう？　時々分からないときがある」と疑問に思われる。

たしかにそうなのかもしれない（笑）。

ある社員から言われたことがあります。「無常識でやっていくのは決して楽ではないんです。常に、みんな考えることがたくさんあるのですから。」

けれども、逆説的には、それだけ考え続けているからこそ「これがいい！」と直感的に思えることもたくさんある。そして、傍目には直感から導かれたように見えるアイデアや商品がみんなに幸せな結果をもたらせば、それほど楽しいこともない。

自分たちで考える質が問われるけれど「無常識だからこその自由な強さと楽しさ」を持った組織であり続けたい。そのためにできることを僕はいつも考え続けています。

冗談が本当になる会社

「うちの会社は冗談がよく本当になるから」

社員がそんなふうに言うことがあるのですが、本当にそうなんです。ミーティングや雑談でおもしろおかしく話をしていたら「それ、やってみよう」「つくってみたら?」と話が進んでしまうことも珍しくない。

そんなのは、きっとほとんどの会社では「冗談」で終わってしまうものなんでしょう。新商品の企画やネーミングなど、普通に考えれば「ちゃんと」しないといけないものを、そんなふうに冗談からやってしまうなんて無常識な話です。

もちろん、すべてがそんなふうにやってるわけではないですが、それでも結構「それ、おもしろいね」ということが現実化されることが多いんじゃないのかな。

そこには社長である僕が率先してることもよくあります。クジラが潮を吹いてる絵が入った赤ちゃんのビブのネーミングを考えていたとき、僕がふと「クジラだからクジラがホエール」と言ったんですね。ダジャレです。そうしたら、「あ、それいいですね」と本当に商品名になってしまいました。

馬鹿馬鹿しいと言えばそうです。だけど僕はもっと馬鹿らしいことに真剣に取り組んでほしい。そういうことが言えない空気の会社にしたくない。

これは僕の勝手な意見ではなく、実際にそうやって馬鹿馬鹿しいものも否定しない空気があるほうがより創造性が高まり、仕事面の本当にいいアイデアも出やすい環境がつくれるからです。

ブレーンストーミングのルールもそうですよね。どんな突拍子もない意見、思いつきも否定しない。まずはみんな受け止める。それができないと、みんな委縮してしまって本来の仕事に活かせるアイデアも何も出て来にくくなります。

そういうのは遊びの世界ではいいけれどビジネスには結局つながらないから意味がないと否定的に見る人もいる。たしかに、例えばＢｔｏＢの精密機器などを手掛けているのならダジャレなんか必要ないかもしれません。

でも僕たちはもっと余白のある分野で商品を探したりつくったりしているわけです。遊びの要素もないと、もっと育児を楽しいものになんてこともできなくなるのですから。

社内でドレスコードのファッションショー

ダッドウェイは基本的に服装が自由だということはお話ししました。それなら、なんでもいいのかというとそれはやはり違います。極端に言えば夏にビーチにいるのと変わりないような格好だとさすがにどう受け止めていいか分からないこともある。

そこで仕事をしやすく、しかもダッドウェイらしい自由さとはどんな服装なのか。ダッドウェイに合っているドレスコードをつくろうというプロジェクトが発足したことがあります。

僕もネクタイが大嫌いでほとんどつけることがありません。それでも仕事で必要なときには相手に不快感を持たせないように、カジュアルだけれどちゃんとしてるように見える格好というのを考えるわけです。

そうした考えをなくしてただなんでもいいということになってしまったら、本来の自由さとはかけ離れてしまいます。

とはいえ、ガチガチに規定を設けてガイドラインを示すのもダッドウェイらしくない。そこで社員が考えたのがドレスコードが一目で見える「ファッションショー」の開催だったんですね。

男女の社員がペアになって、好感度の高いダッドウェイらしさが出たカジュアル、ビジネスに寄せたカジュアル、ちょっとおかしなズレたカジュアルといったように社員がモデルになって、いかにもそれらしくランウェイを歩いて見せてみんなで笑いながら開催しました。

僕がこうしなさいというのはここでも一切言ってません。どんなものになるのか僕も知らなかった。でも当初の目的を社員みんなに分かってもらうために工夫し、しかもやってる人間も楽しんでるのが分かるんです。それがいいなと思う。

わざわざファッションショーをしなくても、服装の規定はこれですというのを社内ネットワークで配布したり閲覧してもらえばそれでも済むかもしれません。でも、それだとただの作業です。

そうではなく、どうしたらみんなにもっと意識してもらえるか？　それもネガティブではなくポジティブに受け取ってもらえるかを自由に考える。そこが大事じゃないでしょうか。

社内でドレスコードのファッションショーをする。そこにはダッドウェイらしさがいろんな型で表れている気がします。

オープンでフェアな人事マネジメント

僕の会社では「無常識」な経営を根底に、組織としてもさまざまな制度改革、働き方の見直しを行ってきました。

特に、最近では「ワーク・ライフ・バランス」をどのようにするかも各所で課題になっています。お父さんの子育てをもっとおもしろ楽しくしたい。ダッドウェイはそんなコンセプトを掲げて出発した会社ですが、だからといって何もせずに自然にそうしたコンセプトが実現するものでもないんですね。

先にもお話ししたように会社が成長し社員数も増えていくと、これまでならなんとなく融通を利かせて解決できたものも難しくなる。

そこで会社全体の人事マネジメントの基本的な考え方として「オープンでフェア」であること、個々の事情に応じて「ノーワークを認めて、ノーワークノーペイとする」というように大きく打ち出しました。

これも、これまでの世間の常識で考えると少し違っているのかもしれません。人事マネジメントの効率性だけを考えれば、どこかで線引きをしたり、一律な条件の付いた制度にするほうが運用は楽です。

けれど、それではやっぱり社員一人ひとりが抱えている個別の状況に対しては助けにならない。だからといって、個々の事情にすべて添うとなると会社としては事業運営が難しくなる。その難しさを**「社員同士も、会社と社員もお互いがお互いをオープンにしてフェアに助け合う」ことで乗り越えよう**というわけです。

本来、どんな状況でも生産性を落とさないためには社員同士の助け合いが必要。でも、本人にしか状況が分からないのでは周りが助けたくてもできない。そこをオープンにできるようにすることがまず一つ。そして自分の事情で働けない時間ができることが認められる代わりに、その時間はノーペイとして対価はなくす。ただ、そのことで評価が下がることはなく状況が元に戻ればきちんと能力評価がされるので長期的にも安心できるようにしました。

関連する制度の一つに「有給休暇」の改革があります。一般的には有給休暇は1日単位で取得するとしている会社がまだまだ多いと思います。それをダッドウェイでは1時間単位での申請取得を可能にしたんですね。

例えば、ある男性社員は共働きでお母さんのほうが出勤時間が早い。お父さんである自分が保育園に送っていくのですが、イヤイヤ期が始まったお子さんがどうしても朝、登園するのを嫌がるときがある。そこで無理やり連れていくともっとイヤイヤがひどくなってしまうので、少しの時間収まるのを待ってあげたい。

そんなときに1時間単位の有給をリモートで申請して上司からOKをもらえるような勤怠システムを開発して導入。この課題を解決させたわけです。もし、こうした制度や仕組みがなくて、自分の子どものイヤイヤ期に対応しなくてはいけないとなると仕事や育児はもっと大変になります。

さらに「1時間」という単位を意識できるようになったことで、「この仕事ならばこの時間でできる」という時間への意識も高まりました。

何時間でもあると思うとなんとなくだらだらやってしまうことでも時間意識が持てることで、自然に効率的になる。結果的に「ワーク・ライフ・バランス」を無理に唱えなくても、無駄な残業が減って、仕事のあとの仲間や家族との時間、あるいは自分の時間を楽しめるようにもなっていったんですね。

幸せな職場をつくるWell-being経営

人事マネジメント改革のさらに上位概念として2019年から僕たちが取り組んでいるのが「Well-being（ウェル・ビーイング）経営」の導入です。

Well-being経営とは慶応義塾大学大学院教授でシステムデザイン・マネジメントを研究されている前野隆司先生が提唱されている「幸福学」を経営にも活かそうという試み。

一般的に、他人と比べて自分がどのような地位にいるかを示すことで満足を得る地位財（所得・社会的地位・物的財）は幸福感が一時的なもので、ずっとは続かない。それに対して他人との比較なく満足が得られる非地位財（健康・自由・自主性・愛情）は長期的な幸福感をもたらすと言われています。Well-beingとは「身体的、精神的、社会的に良好な状態にあること」を指します。

人間がどんなときに幸福や不幸を感じるのかを科学的に解明し、そこから人間が幸せを感じるための具体的条件を明らかにしたのが「幸福学」。「幸福学の父」と称される米・イリノイ大学の心理学者、エド・ディーナーらの調査によれば幸福度の高い人は、そうでない人に比べて「創造性は3倍、生産性は31%、売上は37%高い」というデータもあります。

そこで会社経営の中でも、幸せを感じる条件を整え、社員が幸福要因を多くつくれるようにしていく。そうすることで個々の創造性、生産性も上がり仕事での成果も味わうことができ、ひいては会社全体でもいい循環をつくり出したいという狙いです。

とはいえ、大きなテーマですから一朝一夕に何かが生まれるものでもありません。そこでまず最初は「対話プログラム」を据えてやっていくことにしました。案外、多くの会社では「対話」があるようでない。

社内ネットワークが整って実務ベースでのやりとりは効率的になりましたが、社員個々が今どんなことを考え、感じているのかといったことを率直にやりとりする機会は逆に減っているかもしれない。

幸福学では幸福を感じる具体的な条件から「幸せの4つの因子」が導き出されていますが、その中の第2因子である「ありがとう因子＝つながりと感謝の因子」は、まさに社員がお互いの存在を身近に感じ、自分のことも理解してもらえている、相手のことも分かるという関係性によって深まるわけです。

そのためにはベーシックですが「対話」は非常に大切。会議やミーティングといった公の場での話でも、飲み会や完全なプライベートな場での話でもない、中間ぐらいの話をテーマに決めて対話する。

その対話の中で、お互いのことを深く知るようにしたい。そこには、当然、対話を上手く促していくファシリテーションのプロも入ってもらう工夫が必要です。

そんな活動も取り入れながら、社員の幸福度を目に見える型で高めていきたいと真剣に考えています。

組織を「活発生命体」にする

ダッドウェイでは、社員やその家族、お客さまがより良い人生を歩んでいくために「ライフコンセプト」と呼ぶ基本思想を掲げています。（P141参照）

これは単に言葉だけのものではなく、このライフコンセプトを実現させるのが**「活発生命体」**という5つの力です。

文字にすると見慣れないし聞き慣れないものかもしれないのですが、決して怪しげなものではなく僕たちが大事にしたいことを本当に大事にし続けるために必要で、ちゃんと持っていいたい力なんですね。

この5つの力は、最初から定めていたものではなく、社員たちと自分たちに必要で大切な力を言葉にすると何になるだろうと話し合って浮かんできたもの。

「活動躍進力」「発想不思議力」「生感共生力」「命尊立命力」「体育自愛力」

この5つの造語の頭文字を取ったものが「活発生命体」です。

「活発生命体」の意味をかみしめ、「Well-being経営」を具現化することがダッドウェイという会社の存在意義そのものと考えています。

こういったことをみんなで考え実行していくために時間や経営資源を使うのも、あまり常識的ではないのかもしれません。だけど僕はすごく大切だと思う。

人生のステージでは自分を愛することがすごく薄くなってしまうことや忘れてしまうことがあります。だけど、誰もが自分の人生は1回しかない中で大切なことを忘れたり見失っ

活発生命体

活 動躍進力

活発に動き回り、チャレンジ精神を持って躍動し、前進していく力を持とう。

発 想不思議力

発想を豊かに保ち、物事の本質を見ようと心がけ、不思議に思う力（センス・オブ・ワンダー）を磨こう。

生 感共生力

自分は生かされているのだという、感謝の気持ちを抱き、共に生きようとする力を持とう。

命 尊立命力

命を尊び、己の天命を全うする生き方をする力を持とう。

体 育自愛力

体を鍛え、育み、自分を愛し、大切にする力を持とう。

て終わってしまったらもったいないじゃないですか。

どうせ同じ人生を歩むなら、みんながそれぞれ有意義なものであってほしい。普通は、そういった人生の意義なんてものは会社経営の文脈とは切り離すものかもしれません。そういったものは個人が追求するもので経営とは別物だと。

でも僕はそうしたくない。個人の幸福と会社の幸福。どちらも互いに影響し合ってつながってるといいなと思う。そうでなければお互いに、なんでこの仲間と同じ時間に同じ場所で仕事をしているのか分からなくなってしまいます。


会社とはビジネスをするための器で、経済や利益を追求するためにある。それも否定はしない。だけど僕は、それは会社存続のための必要条件にすぎないと思う。大事なのはここに集った一人ひとりが幸せを感じられるようになること。そのために共鳴し協力し合えること。出会って良かったと思えること。

それができない会社ならあまり意味がない。そのための組織体であり、それが結果的に会社と呼ばれるものであっていいんじゃないか。そう考えています。

そんなきれいごとではやっていけないよ。常識的な人からはそう言われるかもしれません。いいじゃないかと思う。だからこそ、じゃあ僕たちはきれいごとにこだわって生きていきたい。

やがて、そうすることで経済的な面だけでなく、世界から見てもみんなが幸せそうなおもしろ楽しい会社だなと言われればうれしい。そんなふうに未来を考えています。

第
5
章

常識から解放されれば
仕事も人生ももっとおもしろくなる！

無常識を実らせる

社会を良くすることを楽しもう。

無常識を実らせる

何をするかより「どうありたいか」

今の時代、僕たちはいろんなものに追われています。「何をするか」「何をしなければならないか」といったＴｏＤｏリストの「Ｄｏ」がたくさんあるわけです。その結果、こんなことが起こります。

ＴｏＤｏではどうしても「やれるかやれないか」を自分の身の丈、周りの目、世間の常識で判断してしまいがち。

ですが幸福学で考えると「Ｄｏ」をたくさんこなすだけでは、幸福度は上がらない。「Ｄｏ」を他人よりも多く達成してモノやお金が増えても、それが幸福度にすべて比例しないんですね。そこが人間のおもしろいところだなと思うのですが。

じゃあ、どんなことを大切にしたらいいのか？　実は**大事なのは何をするの「Ｄｏ」よりも、どうありたい、なりたいかの「ＴｏＢｅ」をちゃんと持つことと、そのバリエーションを受け入れられる状態をつくること**です。

ＴｏＢｅでは、ＴｏＤｏのように「やれるかやれないか」は一旦置いておいて、それよりも「どうしたら、そうなれるかな」という可能性から考えることができます。**可能性を**

たくさん考えられると、それだけで幸福度は上がると僕は思います。

これは個人でも家族、会社、世の中でもすべて共通するもの。どうなりたい、どうありたいのいろんな理想を認め合えるしなやかさを持った状態。

僕たちは社員との面談でも、何をすべきかの話より、どうありたいか？ どうなりたいか？ の話をたくさんするんです。この先、どうなっていたいかを話し合って、じゃあそのためにはどうする？ という二段階で話すんですね。

けれども今は、そうありたい、なりたいの話が飛ばされて「何をする」の話ばかりを個人や家族、会社でもしがちです。面談でも「Ｄｏ」の話ばかりだと「やるべきことができてるか」「なぜできないのか」の話になってしまい、話が行き詰まってしまう。

そうではなく**最初に、どうありたい、どうなりたいの「ＴｏＢｅ」を最初に考えることで、自分や自分の環境について少し俯瞰的に見て考えることができる**わけです。

自分がありたい、なりたいゴールイメージが描けて、それを共有してもらうことができ、そこに向けて何ができるかを一緒に考えてもらえるというのは誰でも楽しいじゃないですか？ 話しながらいろんな選択肢、可能性が広がっていく。

できないと思っていたことが、一緒に話していくうちに「こんなアプローチもあるね」と気づくこともできます。

言い換えると「Ｄｏ」の何をする、しなければいけないばかりで考えると常識の範囲から抜け出せなくなる。そこを**「ＴｏＢｅ」のどうありたい、どうなりたいから考えることで無常識なゼロベースでやれることを増やせるんです。**

無常識になればもっと楽になれる

おかげさまでダッドウェイの会社の成り立ち、商品や事業、ＣＳＲ活動などが注目されるにつれて社会のさまざまな方々から、興味関心を持っていただくことも増えました。

そうしたつながりの中から若い人たちに大学での講演（キャリア形成など）に呼ばれて僕や副社長の妻がお話をさせていただくこともあります。そのあとで学生さんからさまざまな感想をもらうのですが、いろいろ考えさせられることがあるんですね。

やっぱりここでも「こうしないといけない」という常識がみんなを覆ってしまっている。本来、もっとのびのびできるはずの学生時代なのに。

彼ら彼女たちも、起業家や経営者の話を聞くのは珍しいことではない。逆に言えば、そうした話を何度か聞くうちに「起業の苦労話はこんなもの」「社会で働くというのはこういうこと」という常識的な見方が定着してしまうようなんです。

僕たちが講演をしても、最初はそうでもない感じなのですが、だんだん表情が変わってくる。また同じような話なんでしょう？ と思っていたのが、どうやらいい意味で裏切られるみたいです。


常識をないものとしてゼロベースで考え行動すること。センス・オブ・ワンダーを大事にすること。育児や子育てを楽にする、楽しむを前提にしていいこと。お金よりも人の気持ちをいちばんに動くこと。

そうしたダッドウェイの無常識から生まれる考え方、行動、事業や社会への取り組みがすごく学生たちに「新鮮」に響くみたいです。

理念なんて世の中の会社は言葉で言ってるだけだと思っていたけれど、本当にそれを実現させようとしている会社があるんだと驚いたという正直な感想をくれた学生もいました。

就職活動の話なども聞くと「認められるためにちゃんとしないといけない」「型にはまる

のも仕方ない」と考えていたのが、そうしなくてもいいというのが目から鱗だったのかもしれません。

それぐらい、今は若い人たちも、社会を前にしていろいろな常識に囲まれて、どこか自分を殺さないといけないようなしんどさを感じているみたいです。

育児や子育て、社会で働くことは大変で苦しい。そんな常識が行き渡っているけれど、**本当はもっと楽で楽しいものでいい**。僕たちは事業においても、人に対しても一貫してずっと言っています。

この本でもお話ししているように、そうした常識を一度ないものにして「無常識」に自分を置いてみる。それだけで生きることがすごく楽で楽しいものに変えられるんだよ、ともっとみんなに知ってほしいのです。

非常識と無常識は違う

僕はこの本で、常識を一度ないものとしてゼロベースで考え、発想や行動をする「無常識」の価値について語ってきました。

けれど一つだけ誤解のないようにしてもらいたいのが**「非常識」と「無常識」はまった**

く違うんだということ。別物です。

僕たちダッドウェイがここまで成長できたのは、明らかに無常識を根底に持つ「自由さ」があったからだと思う。社員みんなが自分の想像力、創造力、行動力を常識にとらわれず自由に保ってきたから。既成概念にとらわれていたら、きっとここまで来れなかった。

でも、じゃあなんでもありなのかというとそうではない。それではただの「非常識」です。

自分が好きなことをやる。そのためには、それができる環境をつくったり、誰かと協力したりしてもらったり、普通ならしなくてもいいようなしんどいこともしないといけない場面が必ずあります。そこでは、いわゆる「ちょっと嫌なこと」だってあるかもしれない。それはしたくないんだ、ただ自由にやりたいんだと言ったら、それはちょっと違うんじゃないかな。

例えば、今から好きなものをつくりたい。そのためには、時間と手間はかかるけど机の上を片づけたほうが効率よく丁寧にできますよね。それと同じだと思うんです。

僕の会社では朝、みんなで朝礼の前にオフィスのそうじをする。そのとき、「なんでそうじ？」と思う人もいるかもしれない。そうじなんて自分たちの仕事じゃない。

もし、本気でそう思う人がいたら、残念だけど**まだ本当の意味での仕事が分かってないな**と僕は思う。

いくら自分の「仕事」だけちゃんとやっていても、それ以外のところが見えていなければ、それはまだまだ人間としては未熟です。

人間が未熟なうちはどれだけ頑張ってるように思えても、やっぱりそれだけのアウトプットしかできないんです。

仕事道具や仕事環境を整える。大事にする。そんなのは「仕事」の成果とは直接つながらないと思うかもしれない。ですが、ゼロベースで自由な発想、創造、行動を続けていこうと思ったら、どんな物事にもきちんと向き合うことは大事なことです。

雑な環境、周りが見えない環境では「こんなのがあるんだ」と誰かを喜ばせるようなものを見つけたり、思いついたりすることもできないのですから。

社会課題を観察して新しいことを

僕たちの会社は常に社会に対して開いている存在でありたい。そう考えています。

「活発生命体」（P164）という会社の姿をベースに、CSR（Corporate Social

Responsibility＝企業の社会的責任）に関しては、表層的なCSRにとどまるのではなく「無常識」を活かして事業とも融合したほかにないものでありたい。

本来事業とCSRの境目がなく、企てた活動がそのまま社会、世の中を良くする、笑顔を増やしていくものになるのが理想です。僕がダッドウェイを立ち上げた初心にも通じますね。

アフタースクール事業として2019年から始めた「ダッドウェイラーニングセンター」（横浜関内校、新横浜校）もそうです。共働き家庭の課題感をすくいあげ、あったらいいなという要望の強いサービスを考えました。アフタースクールは、一人ひとりの子どもとその家族のニーズに寄り添うメンターシップを大切にしています。放課後の時間を有意義にするために、プログラミングや英語をはじめ時代にマッチした習い事を用意し、送迎や食事サービスなどをワンストップで提供しています。

また、このスペースを拠点に株式会社パパカンパニーとの業務提携で「よこはま こどもカレッジ」も開設。同プロジェクトは、横浜に住む大人たちの「個性的なスキル」と学びや遊びを気軽に子どもたちに体験させたい親のニーズをマッチングさせるサービスです。火おこし・焚き木教室、逆上がり教室、ダンス教室、理科実験教室ガイコツワークショップ、自転車教室など――。子どもたちが地元で「多様な体験」ができる場が増え、市内の公園や商業施設などに人のにぎわいが生まれています。そんな地域を活性する役割を担えることは、僕たちにとっても幸せだし楽しいのです。

「CSRを楽しもう」。僕たちはCSRレポートでもそんな宣言をしていますが、そこには堅苦しくて事務的な響きはありません。

もちろん「企業の社会的責任」を果たしていくために、コンプライアンス遵守や品質管理、職場環境の向上など真面目に誠実にするべきことはたくさんあります。それは未来の子どもたちと社会のために「価値」あるものを提供する僕たちの事業基盤。

だったら、それがCSRであっても、どこか笑い声が聞こえてくるような楽しい雰囲気に包まれたものであったほうがいいんじゃないかと思うのです。

立場を超えたコラボでアイデア創出

「かながわ学生ビジネスプランコンテスト」にも僕たちは協賛協力しています。これは新規事業を通して新しい社会をつくり出したいという志を持った大学生を、県内企業と行政が一緒になって応援するビジネスコンテスト。

このように説明されると「よくあるやつですね」と思われるかもしれませんが、そうではないんですね。通常よくある学生のビジネスコンテストは学生側がプレゼンするものを企業側や大人が一方的に審査するものですが、それではおもしろくない。

そこで僕たちは、有志の社員が集まって学生のプレゼンを受け、いくつかのチームに分かれて学生たちと一緒にプランの課題を考え、意見やアイデアをぶつけ合いました。

ダッドウェイとして出した「ファミリーフレンドリー賞」の〝賞品〟としてダッドウェイの社員とランチミーティングを行い、事業化や商品化のプロの考え、発想をプレゼントしたわけです。


学生にとっては通常であれば垣根があるプロの社会人と一緒になって議論し、アイデアを創出できる。僕たちも学生が出してくれた課題に一緒に真剣に取り組んでプレゼンを聴く。そうやって立場を超えてフラットにコラボレーションすることも一つの無常識なのかもしれません。

ある学生グループが出した「働く人の睡眠の質をアップさせたい」という課題をディス

カッションするうち、働くママの睡眠問題にもつながり、自分たちも含め世の中の多くの働くママが切実に持っている「とにかく自分一人の時間が欲しい」という願いをかなえるには？　というテーマにも発展しました。

学生たちは当然、世の中の働くママの現実をあまり知らない。そこにダッドウェイ社員にも多い働くママのリアルな姿と声を知ることで、新しいヒントが生まれてくるわけです。

そこで出てきたのが「睡眠を可視化するかわいいブレスレット」。夫婦で使うことで、言葉に出せなくてもブレスレットを見て「君、そんなに寝れてないんだ」と夫婦間のコミュニケーションのきっかけにもなります。

こんなふうに多様なアイデアと僕たちの無常識なカルチャーを合わせていくと、これからももっとおもしろいものが生まれていくような気がするのです。

無常識コラム 6

安藤 哲也●ファザーリング・ジャパン代表理事・ファウンダー

ファザーリング・ジャパンを立ち上げて間もない2007年頃に初めて白鳥さんとお会いしました。男性の子育てについて話しましたが、本当にこれまで実践されていらしたんだなと分かる内容で、子どものことを話す目が優しかったのを覚えています。

また、働くお母さんについても、こんなふうにおっしゃっていました。

「うちのママ社員たちも本当によく働いてくれている。でも育児との両立は大変そうなんだよ。夫（パパ）の所属する企業でも、もっとワーク・ライフ・バランスと男性の育児参画を促してくれるといいよね。『イクボス』を通して社会全体の意識や働き方が変わるといいね」と。単に商業ベースの経営だけでは誰にも真似できない、理念を伴った思いを感じます。

無常識コラム

7

添田 昌志●パパカンパニー代表取締役

とても温厚な方という印象で、また遊びや仕事について夢を語る姿に、少年のような心を持った方だと恐縮ながら感じました。

「よこはま こどもカレッジ」を構想し、立ち上げた際にも真っ先に共感くださり、その後、半年ほどで共同での実施に至りました。これは本当にすごいなと思うのですが、子どもたちのためという理念を30年近くにわたり変わらずに持ち続け、実践している点は我々もすごく影響を受けさせてもらっています。

「よこはま こどもカレッジ」の立ち上げイベントなどにもコーチのメンバーとして参加くださるなど、社長であることにとらわれない自由で気さくな姿も好きですね。

白鳥さんの純粋で強い想いと「こんなふうに世の中のパパママを幸せにしたい」という行動がやはりダッドウェイという唯一無二の存在をつくっていると思います。

オンとオフを分け過ぎない

仕事は仕事としてきっちりやってオフの時間をつくれるようにする。一般的には、そうした考え方は常識です。

「ワーク・ライフ・バランス」も基本的には仕事と個人の生活のバランスをどう取るかをみんなが考えている。たしかにそうなのですが僕は、そこも完全に分け過ぎないほうがいいんじゃないかと思う。

大事なことなのに公私混同をするとか、そういうことではないんです。例えば、渓流釣りに行くと、聞こえてくるのは川の流れと鳥たちの声。そんな中に自分を置いてぼんやりと釣りをしていると、不意に仕事のアイデアが浮かぶことがあるんですね。

べつに考えようとしていたわけではありません。そして次の瞬間にはまた釣り竿の先をじっと見つめている。そんなふうに、オンとオフを行ったり来たりしながらの時間があってもいいんじゃないのかな。

遊びに来ているのだから仕事のことを一切考えてはいけないなんてこともないし、仕事中にもふと、今度、こんなことをやって遊んだら楽しそうだなと思ったりもする。そんな時間もあるほうが結果的に元気で健康でいられて、仕事でも個人の時間でもやりたいことができると思うのです。

そう考えると僕にとって**しっくりくるのは「ワーク・ライフ・バランス」という一般的に使われている言葉ではなく、「ワーク・ライフ・マネジメント」**という考え方。

無理に難しい顔をしてバランスを取るのではなく、あるときはワーク、あるときはライフと自分をうまくマネジメントする。ちょっと外に出て考え事をしながら散歩したほうがいいアイデアが出るなと思えば、時間を区切って本当にやってみる。

そんなマネジメントをみんなが身につけると、難しい議論をしなくてもワークもライフも分けなくても、もっと自然に生産性も上がって充実した時間が増えるんじゃないかと思っています。

特に僕と妻は夫婦でありながら経営者でもあるので、余計にその境目がありません。それでずっとやってきたけれど、そんなにしんどいなとは思わなかった。子育ても仕事も全部一緒の時間の中でやる。それが自然だったから、平日と休日を分けることもなく、いつでもワークの話もライフの話もしていました。

そうやって、今度こんなことやってみようと話すのが楽しかったんですね。

オンもオフも基本は「楽しい」が大事。仕事ではこうしなきゃ、プライベートではこうしないとなんていうふうに考え始めると、なんだかしんどくなってしまうかもしれない。それならあまり分けすぎないでやってみるのもいいかもしれません。

クスッと笑えることを増やしたい

ある社員がこんなことを言っていました。うちの会社は大変なことも多いと思う。それでもここで仕事をしているのはどうしてなのか。それはやっぱりダッドウェイでしかつくれないもの、世の中に型にできないものがあるからなんだと思う、と。

例えば、野菜で言えば今世の中にたくさん流通して並んでいるのは、売れるための見た目や大きさも整えられたもの。売る側も買う側の消費者も、そうした野菜を「いいもの」として評価するわけです。

もちろん、そういうものも必要。だけど、僕たちは時々、そうではない「本当にこんなの売れるのかな？」「こんな変なものどう思われるのかな？」というものも、ちゃんと愛情を込めて送り出す。

特に子育て、育児という「大変」で「しんどい」ことが多い中で、「えっ、これ何?」とちょっとびっくりしてクスッと笑えるようなものも提供することで、赤ちゃん、子どものいる家庭の空気が少しでもゆるむ時間をつくりたい。

そんなことを大真面目に遊び心を持ちながらやれるのがダッドウェイだというわけです。

『ソルビィ』というオリジナルブランドも、かわいらしさだけでなく、よく見るとどこか肩の力が抜けるような「クスッ」が随所にデザインされています。

子どもに離乳食などを食べさせるときのビブも、どこかユーモラスなデザインが多いのもその一つ。子どもにというよりも、そのビブをつけているのを見ているお母さんやお父さんが「ヘンなの」とクスッと笑う場面が少しでもあると、それを見た子どもがパパママが笑っていると感じてうれしくなる。

「パパママの笑顔は最高のご飯なんです」

社員がそう語るように、わが子が笑っているのを見れば、またお母さん、お父さんも自然に笑顔になる。そんな循環が生まれることが僕たちはすごくうれしい。

ダッドウェイはもちろん会社ですから「数字」もきちんと見ないといけない。利益は社員と会社を守るコスト。だけど、それと同じぐらい、いやそれ以上にみんなが笑っていられることを大事にしたい。笑いがまったくないのにどれだけ数字だけが伸びていてもあまり意味はないんです。

無常識に決まった型はない

無常識に決まった型はありません。

皆さん一人ひとりの個性が違うように、皆さん一人ひとりにとっての「いい状態」「幸せな状態」をつくれるきっかけをたくさん提供したい。この本が皆さんにとって、どんな意味があればいいかと考えたときに僕が思うのはそのことです。

この本の中でも、人間の地位財（金・モノ・社会的地位）で得られる「幸せ」よりも、非地位財（健康・自由・自主性・愛情）で得られる幸せの方が持続性が高い学説のことを話しました。

幸せの型は百人百様ですが、「幸せな状態」「いい状態」になるには、多くの人に当てはまるヒントがあることを知ってほしいのです。

自分のなかの可能性を広げる無常識。そのための考え方や姿勢をいくつか紹介しましたが、これとこれをしなければならないというものでもありません。どれを試してみるかは、その人次第。また、仕事だけではなく暮らしのいろんなところで、いろんな人にゼロベースで考え発想し行動する「無常識」は使えるんだと気づいてほしいんですね。

そういう意味でも「無常識とはこれである」という決まった型があってはつまらないと思う。そんなのは無常識ではなくなってしまっているからです。

どんなときだって、今をもっと楽しくして未来をもっとおもしろ楽しくするきっかけはたくさん埋もれています。それを探している「状態」そのものが僕は幸せなんだとも思うんです。

無常識をベースにもっとできること、型や常識にとらわれないことを探していく作業はとてもクリエイティブです。

そのためには「どうせ」とか「そうは言ったって」とか、「自分はこれしかできないから」、「身の丈に合った」という自分で自分を固定してしまっているものを、一度外してみませんか？

もちろん最初はそんなふうにゼロベースになることに「不安」や「怖れ」を感じるかもしれません。それは、アウトドアでヘビに触れるような体験とも似ています。

僕の子どもがまだ小さかった頃、キャンプ場で大きなヘビを見つけたことがあります。僕に似たのかなんにでも好奇心の強い娘が「触ってもいい？」と聞くので、毒のないヘビであることを確認して「いいよ、触ってみな」と言ったところ、娘はそのうち触るどころか首にヘビを巻いて大喜び。

最初はそんな姿を見て驚いていた周りの大人たちも、あんな小さな子どもが平気そうにヘビを触って喜んでいる姿を見て、ちょっとずつヘビに近づき、恐る恐る触れて「すごい！」と歓声をあげていたんですね。

ヘビに触れるなんて「大人の常識」ではできないことだった。でも、誰かが触れている姿を見て「あ、触れても大丈夫なんだ」と知ると、ちょっとずつ興味が出てくる。

このエピソードはアメリカの有名なデザイン会社ＩＤＥＯの創業者デビッド・ケリーが「自分のクリエイティビティに自信を持つ方法」という講演で紹介した、「案内付きの習得」

を地で行く瞬間でした。

つまり、最初は自分一人では無常識になるのが怖くても、誰かそれをやっている人の姿を見られれば、ヘビにだって触れるように怖さも薄れていく。

この本で僕が話してきた「無常識への案内」がそんなふうにお役に立てば、こんなにうれしいことはありません。皆さんの何かの〝タネ〟が芽を出し、大きな幹となってくれたら、僕は心から幸せです。

――なんでもやってみればいいんだよ。

無常識対談

無常識 × 幸福学

研究員

前野マドカ

慶應義塾大学大学院システムデザイン・マネジメント(SDM)研究科附属SDM研究所研究員。

EVOL株式会社代表取締役CEO。IPPA(国際ポジティブ心理学協会)会員。サンフランシスコ大学、アンダーセンコンサルティング(現アクセンチュア)などを経て現職。幸せを広めるワークショップ、コンサルティング、研修活動およびフレームワーク研究・事業展開、執筆活動を行っている。著書に『月曜日が楽しくなる幸せスイッチ』。『ニコイチ幸福学　研究者夫妻がきわめた最善のパートナーシップ学』は夫婦の共著。

慶應義塾大学大学院
システムデザイン・マネジメント研究科教授

前野隆司

慶應義塾大学大学院システムデザイン・マネジメント(SDM)研究科教授。

1962年山口生まれ。広島育ち。86年東工大修士課程修了。キヤノン株式会社、カリフォルニア大学バークレー校客員研究員、慶應義塾大学理工学部教授、ハーバード大学客員教授等を経て、2008年より現職。

専門は、システムデザイン、幸福学、イノベーション教育など。著書に『脳はなぜ「心」を作ったか』『幸せのメカニズム　実践・幸福学入門』など多数。

「無常識で人は幸せになれるか？」

株式会社ダッドウェイ
代表取締役社長
白鳥公彦

取締役副社長
白鳥由紀子

常識をリセットすれば人はもっと幸せになれる。

僕はダッドウェイという会社が存在する「意味」や「意義」をずっと考えています。もちろん、ゼロベースで世の中の役に立つものを生み出す。それは前提条件です。

だけど、それだけじゃつまらない。僕自身もそうだし、ダッドウェイに関わるすべての人がもっと、この会社と共にある人生が「いいものだなぁ」と理屈抜きに感じられるようにしたいんですね。

そんなことをずっと考えてるときに出会ったのが、人の「幸福」という古くて新しいテーマを科学的に、しかもご夫婦で研究されている前野先生ご夫妻。お互いに夫婦そろって自然が大好きで、「センス・オブ・ワンダー」の不思議さを科学的に探究することも興味がある。

僕たちが感覚的に「大事だな」ととらえていることを学術的なまなざしを持つお二人は、どんなふうにとらえているのか。前野先生ご夫妻と話し合ってみました。

◎幸福学とは……人が幸せを感じる状態について、心理学と統計的に有意なデータをベースに「幸せとは何か」を明らかにしていく実証的学問分野のこと。前野先生はそれまで個々に行われていた「幸福学」研究を体系化し、世の中のあらゆる分野で誰もが使えて役に立つものにすることを目指されています。

前野先生の幸福学研究から導き出された、人が幸福な状態を感じられる因子は4つ。

①「やってみよう！ 因子」自己実現と成長の因子
②「ありがとう！ 因子」つながりと感謝の因子
③「なんとかなる！ 因子」前向きと楽観の因子
④「ありのまま！ 因子」独立とマイペースの因子

これらの因子を満たした人が「幸せ」を感じられることが分かってきました。

文中
公…白鳥公彦
由…白鳥由紀子
隆…前野隆司
マ…前野マドカ

自然の中で子育てした4人

隆　すごく前から知り合いだった感じがするんですけど、まだ出会って1年と少しなんですよね。

公　初めてお目にかかったのは2018年の7月ですから。

隆　なのに意気投合したんですよね。こっちは学術家、お二人は経営家。僕たちはみんなが幸せになれる研究をしていて、お二人は家族、子どもたちが幸せになるためのビジネスをしている。価値観も近くて。

由　子どもたちをキャンプで育てたっていうのも一緒。キャンプの話でいちばん最初に盛り上がったの覚えてます。

マ　うちは幼稚園でキャンプデビューだけど白鳥さんのところはもっと早く、7カ月の乳児のときからってうかがってすごいなって。それを聞いたとき、絶対このご夫婦と仲良くなれるって思いました。

公　乳児でも、なんとかなるんです。

由　なんとかなるって散々言われました。今から35年ぐらい前、その当時は子どもを外に連れ出すのは首がすわってから、腰がすわってからが当たり前。

公　僕がそのとき言ったのは「寝返りもうてないから動けないし、ちょうどいいね」って。

隆　無常識！　だけどその通りかもしれない。

マ　そんな話をうかがって、このご夫婦は幸せを体現されてるんだなって思いました。家族みんなで自然の中にいられることがどれだけ幸せか。ありのままの幸せじゃないですか。ほかに何も邪魔するものがなくて。自然の中で家族だけで助け合ったり自然の恵みを感じる。なんて素敵なんだろうって。

由　私たちは、同じように子育てしてる人がいるんだ！って。わーいって声を出したくなる感じですごくうれしかった。

マ　由紀子さんも今は自然大好きだけど、最初はそれほど得意じゃなかったと聞いて（笑）。それもうちとまったく一緒。私は虫大嫌い、キャンプなんてあり得なかった。そこも似てるなって。

隆　息子が幼稚園の頃だったかな。公園ですごく大きなトゲトゲの虫がいて「キャー！　かわいい!!」って大声出して。あれがチェンジのときだった（笑）。

マ　頑張ったんです。母親が虫を怖がるのを子どもが見て、虫が怖いものだって思ってしまうのは良くないって。息子の前ではどんな虫でも「かわいいね」と言ってて、なのにものすごく大きなトゲトゲの虫が目の前に現れたものだから咄嗟に公園中に響き渡る声で叫んじゃって。

あ、だめだめって、すぐに同じぐらい大きな声で「かわいい!!」って叫んだんですけど、周りの大人はどう見ても怖がってるってバレてました。

でも家に帰って息子が「今日さ、ママがキャーって叫ぶくらいかわいい虫見つけたんだよ」って報告してくれたんですよね（笑）。そういうこともあったので自然と家族の付き合い方も白鳥さんご夫婦に親近感があります。

ちゃんとし過ぎなくていい

公　僕は、幸せであるには、いい加減さも大事だと思うんです。

隆　幸福の第3因子「なんとかなる！ 因子」ですね。第4因子の「ありのまま！ 因子」もそうだし。

由　なんでもちゃんとしなくちゃいけないって思い過ぎると苦しい。私も40代ぐらいまではがんじがらめ。そんなふうに見えないって言われるんですけど。

何々せねばならない、こうあるべきだがすごく強くて大変でした。周りに何も言われてないのに、私がやらねば、いい嫁、いい妻、いいお母さんであらねばって。

マ　それは女性はどうしてもありますよね。

由　ある時、それで自分がぺちゃんこになって。で、そうなったとき「ま、いいか」って。とにかく自分がなんでもやらなくちゃって気を遣ってたのをやめたんです。そしたら誰も何も言わないじゃん！って気づいた（笑）。

隆　まさに「ありのまま！ 因子」ですね。

由　白鳥家は本当に自分が育った環境と真逆で、誰も何も気

を遣わない。遣わな過ぎて、最初はすごいギャップでした。

公　よく覚えてるんですけど、由紀子のご両親がうちに初めてあいさつに見えたとき、家で一緒に食事をしたんですけど、うちの兄が突然「あ、水泳の時間だ。失礼します」って出て行った。

由　ありのまま過ぎてびっくりですよね。

公　昔からそんな感じです。便りがないのがいい便りを実践してる家だったので。ただ、気を遣わない代わりにお互い言いたいこと言うんです。家族みんな大声で怒鳴り合うんですが、終わったらケロッとしてる。

姉とは一晩中議論したこともあります。時々大声も出たり。生き方、考え方の根幹の部分でどうしても合わないことがあって。でも7、8時間やりあったことで「あ、これは絶対に合わないいな」ということがお互いに分かった。平行線でいいんだっていう結論が出てすっきりしました。

由　それも白鳥のお母さんの介護で泊まり込んでる横で言い合ってるんですよ。びっくり。だけど、それから一回もケンカすることがなくなったんですよね。

マ　由紀子さんは、できないことを平気で「できてないよ」って言えるのがすごい。

由　言えるようになったんです。「ま、いいか」って思えてから。60歳の誕生日を迎えてからは積極的に言うようにしてるかな。いろいろ問題はあっても個としては「まあ、いいよね」って。会社の女性たちにもこの話をしたら「ほんとにそれでいいんだ」って、なんだか気が楽になったみたいなんですよね。

長生きしたほうが幸せになれる

隆　年齢を重ねたらいろんな自分を縛っていたものが外れるんですね。この前、慶應の日本ポジティブサイコロジー医学会の講演で老年精神医学がご専門の三村將先生のお話を聞いたんです。そうしたら90歳まで生きればものすごく幸せになれると。どんな小さなこと、自然の花を見ただけでもすごく喜びがわいてくる。

由　それは予感がありますね。

そのお話を聞いてから年齢を重ねるごとに幸せが増すのが、すごく楽しみになって。

隆　年齢を重ねて人はもっと幸せになれる。ダッドウェイからグランパウェイ。

公　グランダッドウェイ、カッコいいおじいさん。いいですね。

隆　人生100年時代と言われますが、50歳〜80歳で自分は幸せだと言える人が諸外国に比べて日本はなぜか少ないんです。

由　年齢を重ねるほうが幸せになれるよって広まったら、若い人たちが将来を悲観してるのも方向転換になりますよね。若い子が「楽しければ太く短くでいい」って、人生に多くを求めないっていう。そんなにいいことは長く続かないって。この先、苦しくなることのほうが多いんだと思ってる。

公　本当は年齢を重ねるごとに小さな幸せを見つけるのが得意になっていくんじゃないのかな。前野先

生が撮られている花の写真を見ていても思うんですが、自然の花の何気ないとらえ方が僕はすごく好きなんです。

隆　もともとキヤノンに勤めていたので、写真が上手な友達がいっぱいいるんです（笑）。

彼らに教えてもらった写真のコツは「きれいに写れよ」って願いながら撮ること。そう思ってると、いろんなきれいなところを探すんですよね。同じ花でももっときれいに見えるところがあるはずだって。

打ち合わせ前に公園が近くにあると、つい写真を撮りたくなって遅刻しそうになったりもするんですが。

マ　華道もそうかな。一つひとつの花のどの角度が美しいかをすごく考えるし、それがさらに全体になったときにどうか。会社っていうチームも一緒ですよね。一人ひとりの良さが生きて、それが全体としていちばんいい角度から光が当たってきれいに見えたら幸せな会社になれると思うんです。

話すことと対話の違い

由　一人ひとりと向き合うことですよね。私たちもWell-beingプログラムの中で、初めて管理職全員との対話をしたんです。もちろん、話すことはこれまでもやってきた。でも対話っていうのはちゃんとやってなかった。

ちょっとしたことでも「これ、何か変だな」と思うことをあらたまって固い話にしなくても、対話で共有できれば「そういうことなんだな」って気づけますよね。対話することを意識したら何か変わっていきそうだなというのを感じてます。

隆　その「対話」が、普段、話をするのとどう違うのかですよね。ＭＩＴビジネススクールのウイリアム・アイザックス

ます。

教授が対話コミュニケーションには基本が4つあると言って

　1つ目が「傾聴」。とにかく聴くこと。部下の話に「そうじゃない」と口を挟みたくなるのをせずに「なるほどね」と受け止める。2つ目が「尊重」リスペクト。相手の考え、行動もまずは尊重する。3つ目が「保留」サスペンドです。その場では判断したり言葉にしない。

　最後、4つ目が「声に出す」。これはほかの3つと矛盾するようだけど、ちょっと間を置いてから「僕もこう思ったんだけど」というように相手に言うと聞いてもらいやすいんです。お互いにオープンになれます。

　相手の話を傾聴して相手を尊重し、保留して間を置いてから自分の考えも言葉にする。それを意識してやるのが「対話」。なのだけど、会社や夫婦間でもどちらかが主導権を握ってるケースが多いので、それだと相手が言いにくい。そ

こを、まずこの場はオープンにしようと意識して対話してみると人間関係って絶対変わっていきます。

由　「そうだったんだね」と言ってもらいたいんですよ。夫婦でも会社でも。みんな心の中では思ってる。

マ　それは私も「自分もそうだったかもしれない」と一旦、自分でも思うように意識してます。自分は違うんだって線を引いて、ここまでは聞く、ここからは聞かないってやってると自分では相手を受け止めてるつもりでもできてないいんですよね。

　だからそれを口に出して「そうかもしれないですよね」と言ったら、相手はやっと受け止めてもらえたって思える。

公　それは大事なキーワードですね。

体験の重要さと科学だけでは見えないもの

隆　我々は幸福学を扱っていて、いきいきと生活して五感を

使って自然を感じられる機会が多い人ほど幸せと感じるという研究結果があります。ほかにも相手を思いやれたり、やってることを満喫する、余計な我慢はしない、そういうのが幸せにつながるというのを知識では知ってる。

それを白鳥さんご夫婦は「生きる」中で見つけてこられた。そこがいいですよね。

公　この前、ヒマラヤ西部のパキスタンにあるナンガパルバットという山に登ったんです。世界で9番目に高い8000メートル級の山。もちろん頂上アタックはできません。4000メートルぐらいのベースキャンプまで。それでもアプローチに3日かかります。

するとと自分の身体が変化していくのが分かるんですね。食べるもの、歩ける距離、いろんなものが順応してくる。一緒に行った人たちもお互いにその自覚があって、相手を見ていても感じる。同じ体験を同じ時間にして互いの変化を感じ合うことで、見えなかったものが見えてくる。それもすごく幸せに感じました。

マ　私たちも出羽三山で山伏修行を体験したときに感じました。3日間、山伏の人と一緒に修験道を最低限の食糧と水、睡眠時間だけでひたすら歩く。私語も一切しない。祈りを捧げる。そこでは基本、なんでも受け入れることが必要です。

ほら貝の合図で1分後に出発。それを聞くと「受けたもう」としか言ってはいけない。どんなにしんどくて嫌でも従わないといけない。そうしてると自分が変わっていくのが分かるんです。

自由なのは頭の中だけ。歩きながら落ち込んだり回復したりをくり返して、ああ人生って自分から選べないことも多いけど「受けたもう」の精神でなんとかなるんだ。最低限のものだけでも生きていけるんだって思えて、ちょっと楽になった。

あと不思議だったのが、夏で汗だくで歩いてるはずなのに汗がちっとも匂わないんです。小さなおにぎりとお漬物、薄味の味噌汁。あとは湧き水。3日間それしか食べてなくて余計なものを食べなければ、こんなに汗や体臭も変わるんだって。人って、そんなちょっとした体験でも身体も心も変わるんですよね。

隆　白装束でね。死んで生まれ変わることの体験みたいな感じです。靄の中をみんなで無言で白装束で歩いてると、本当

に一瞬、自分は今生まれ変わろうとしてるのかなって感じる。怖さとかではないんですよね。

由　旅に出て自然の一部に自分がなれていることを感じて、とめどもなく涙が出たことも何度かあります。

隆　本当にそうです。人間は自然だとかそういった大きなものの一部だなって理屈抜きに思えたときに、なんだかありがたいなって気持ちになります。

公　前野先生は著書の中でも、科学的には神の存在を否定できると書かれていますよね。でもそうやって見えないものもイメージできる。その辺は実際、どう感じられているんでしょうか？

　私も先生のように理屈で考えれば存在しないものを、心のどこかで認めたい自分もいるんですね。矛盾してるかもしれない。でも矛盾は矛盾のまま受け入れるのもありなのかと

思ったりもします。

隆　僕も科学者なので神はいない派。昔はスピリチュアルなことに対して、それは科学的におかしいと真っ向から反論していたんですけど、今はどっちでもいい。スピノザは「神即自然」と唱えました。

自然のことを神というたとえ話で科学的に説明できるし、神をそのまま信じたい人はそれでもいい。言ってることはほぼ一緒ですから。輪廻も科学で我々が言えることは炭素などの有機物でできている人間が死ねば焼かれて二酸化炭素になる。そしてまたほかの生物に循環していくのと同じです。

なので「神＝自然」とすれば何の矛盾も争いも本来はないわけです。

無をベースに考える

公　僕はお釈迦さんが仰ってる「無」ということがすごく大事だと思っているんですね。人生は本来「無」であって、そこに意味はなくてもいいのかもしれない。じゃあ、その中で、自分という人間がたまたま今ここに存在しているのはどういうことなのか？　そこを嫌でも考えないわけにはいかない。

奇跡的に今この世に生まれて生きてるわけですから、できれば「ありがとう」と思って生を全うしたいじゃないですか。無意味な中にも、そういう瞬間をどれだけつくれるかが大事なのかもしれない。

みんながそういうことを頭で理解するだけじゃなく肌で感じてほしい。そのためには常識をリセットしてゼロベースになることを経験してもらいたいと思うんです。

隆　やっぱり老荘思想の「無為自然」などもベースにありますよね。すべては自然に流れていく。それも「無常識」にちゃんと通じてると思う。頭で常識で考えることだけがすべてじゃない。

僕も幸せの研究をする以前は「無」についてずっと考えてましたから。天外伺朗さんの『非常識経営の夜明け』という本でも経営者が無になるほど対話ができるので経営がうまくいくという趣旨のことが書かれていました。リーダーシップだと気負うと逆にうまくいかない。そこも共通してますね。

すべての人が幸せになれる

マ　本来、こうやってここに存在していられることがもうそれだけで幸せなんですよね。だけど、ついつい日々の大変さで「その日」「そのとき」のことを忘れてしまう。

お母さんが自分の子どもが生まれて来て、最初は本当にその出来事だけで十分幸せだった。それがいつの間にか、もっとこうでなければと自分を苦しめたり、子どもにも苦しい思いをさせてしまったりしてお互いに苦しんでる。そういうのが多いですよ。

会社だってそう。立ち上げたときは、何か大事にしたい想いがあってそれを型にすることを目指してきた。それを追いかけているのが幸せだったのが、だんだんそうではなくなっていく。

隆　すぐに忘れてしまう、見えなくなる。

マ　だから常に探し続けるんですね。そうやって自分たちで意識して生きてる。夫婦だからツーカーでいいんじゃないかではなく、ありのままでいるからこそ日々成長して刺激も受けながら生きてる。そこを対話もしてお互いに与えあう。それこそが自分の人生を生きることだと思うんです。

常に変化していくということですね。同じところにはとどまらない。

由　私たちも大事なことを忘れたり迷ったりしたら、自然にふっと還るのが得意なんです。何も大

げさな自然じゃなくても散歩にでも行けばいい。妊娠中はマタニティスイミングに行って、自分の中の自然を取り戻してました。ヘロヘロになりながらもすっきりする。

隆　人間らしくていいですよね。そういうのが大事。人間は本当に誰でも幸せになれるんです。私の人生はこんなものだってみんな悩んでるけど、自然になれれば幸せになれる。私たちも幸せの達人夫婦じゃないです。ごく普段の日常から、ちゃんと幸せになれる原因を積み重ねていった。それだけのことです。

公　常識をリセットしてゼロベースで生きることも幸せな状態になることも、すべての人が本来はできることですね。

隆　そうです。なので本当に目指してほしいと思います。

無常識な発想が
生み育てた
商品・サービス

Sassy
にこにこ ミラーラトル

サッシーといえばこの笑顔。「スマイリーフェイス・ラトル」から
さらに多くの家族に届くことを願って親しみやすい名前に。現在も不動の人気を誇るガラガラ。

ビビッドでカラフルな世界観は発売当時、センセーショナルそのもの。赤ちゃんだけでなく大人たちまで持っていると楽しくなる。ひとつ手にすると、もっと他のアイテムまで集めたくなり「サッシーフリーク」と呼ばれるファンを持つ。2005年グッド・トイ賞を受賞。

Ergobaby
エルゴベビー•ベビーキャリア
OMNI(オムニ)360クールエア

新生児から使え、前向き抱っこなど豊富な抱き方のバリエーションが特徴。
メッシュ素材を採用。快適性の高いプレミアムモデル。

従来の抱っこひもにはなかった機能性と存在感あるデザイン。他に類を見ない快適な着け心地とユニセックスなデザイン性の高さは、赤ちゃんとのお出かけの幅を広げただけでなくファッションとしても楽しめる。

Micralite
ファストフォールド

まるでハンモックのようなシートと大型エアチューブタイヤが独特な
英国発のマイクラライト。赤ちゃんの快適性と、トップクラスの走行性が特徴。

ダッドウェイがベビーカー市場に本格参入したのが2003年。ギア好きな父親が、アウトドアでの走破性とそのフォルムにほれ込んで購入する姿が続出したのに加え、男性的でアクティブなデザインを好むママ層にも支持された。

Solby
おきあがり・ムックリ

オリジナルブランド、ソルビィのたまご形おきあがりこぼし。
ゆらすと聞こえる懐かしい音色とあめ細工のようなやさしい色味は、ひとつひとつ手作り。

温故知新。古くからある伝統的な赤ちゃん用玩具の持つ、温かさ、愛情の深さを現代によみがえらせると同時に、お部屋のインテリアにも合うデザインに。2017年グッド・トイ賞を受賞。

NUK　おしゃぶり

ドイツNo.1ほ乳びん・おしゃぶりブランド、ヌーク。独特なニップルデザインは、
赤ちゃんが母乳と同じように舌やあごを使うことを促し、口腔の発育をサポートします。

「おしゃぶりを使うと歯並びが悪くなる」という先入観に対して、小児歯科医を講師に招いた「いい歯の日」セミナーを展開。ヌークは赤ちゃんの「口腔周囲筋を鍛えるトレーニング」になる点をPR。また「指しゃぶり防止」「鼻呼吸の促進」など健全な口腔形成（歯並び）に推奨されるアイテムと打ち出し、多くの支持を得た。

Kaloo
フレグランス

フランス生まれの人気ベビー雑貨ブランド、カルーから親子で楽しめる
フレグランス。愛くるしいボトルデザインが魅力。

フランスでは赤ちゃんの香水がよく使われているが、毎日入浴習慣のある日本では一般的ではない。「赤ちゃんに香水なんて!」という声に対して、アルコールフリーで低刺激な香水を採用しマーケットで話題になる。ぬいぐるみにつけたり、ルームフレグランスにも活用されて、毎日の子育てに忙しい母親の気分転換を演出した。

tegu　マグネットブロック

タテ・ヨコ・ナナメにくっつけて遊べる磁石が入った積み木。
テグでしかできないクリエイティブな遊びが子どもたちの創造力を育みます。

カラフルなデザイン性から、デスクのクリップホルダーや玄関のキーレストに使われることも。また建築家とのコラボや福祉の未来をテーマにするイベントで好評を博し、遊びの可能性の高さが裏づけられた。

Babyhopper
ベビーカー&ベビーキャリア用ポータブル扇風機

オリジナルブランド、ベビーホッパーの夏の暑さ対策アイテム。
360度回転で風向き自由自在。卓上・首下げ扇風機としてもマルチに使える。

昨今のデザイン性の高いベビーカーやベビーキャリアのトレンドに着目。他社の扇風機に対して、コスパよりもデザイン・利便性・機能性を重視。

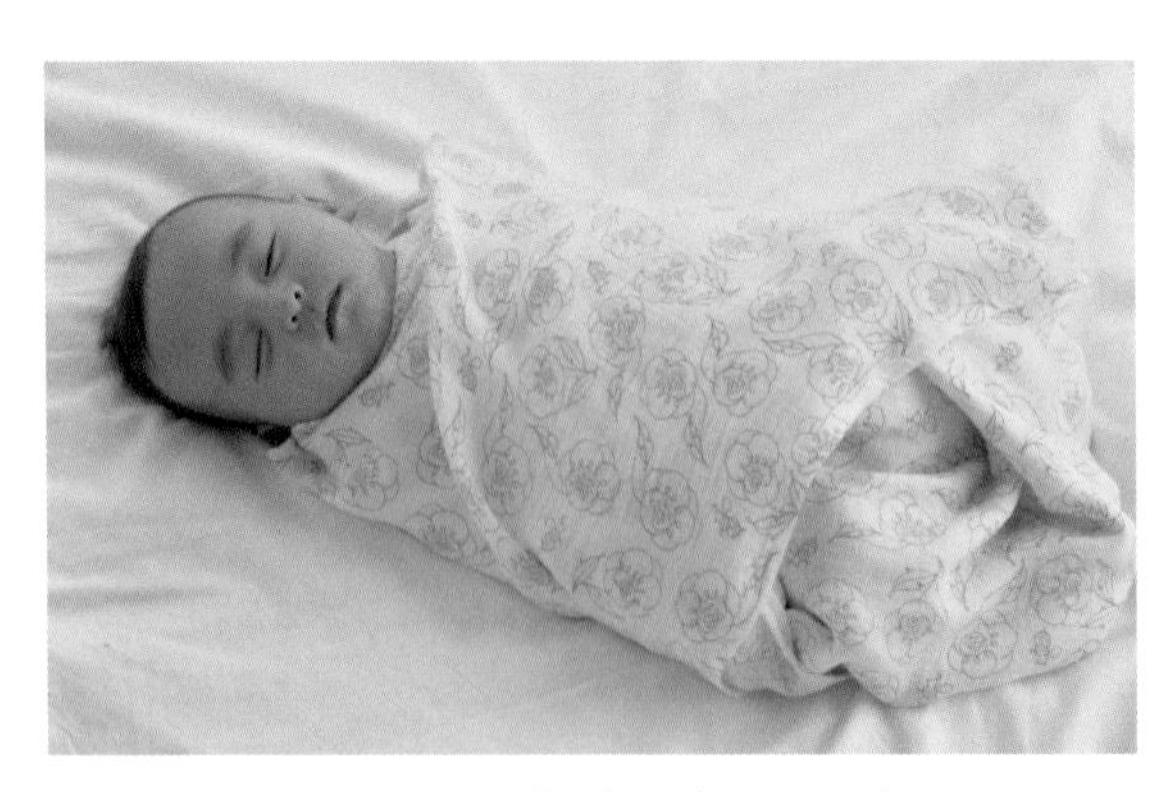

D BY DADWAY　国産ガーゼシリーズ

テキスタイルデザインのオリジナルレーベル、ディーバイダッドウェイ。ふわふわと柔らかで使うたびに肌に馴染む品質は、ギフトに大人気。

赤ちゃんからお父さんまで。子育て中も、また子育てが終わった後も、家族みんなで長く安心して使えるデザインが特徴。

D.fesense

オリジナルベビー服ブランド、ディーフェセンス。コンセプトは『私が着たい子供服』。
男の子にはスマートカジュアル、女の子にはさりげないキュートさを。

“今”の空気感を取り入れた「大人が着たくなるような」子供服をつくろうと2013年にデビュー。おしゃれかつギフトに贈りたくなるラインナップで独自のポジションを獲得。

Petstages　PETKIT

犬猫の種類·習性に応じておもちゃのカテゴリー分けがされているブランド、ペットステージ。
最新のテクノロジーを活用したペットキットは、スマート·ペットハウス·コジー2が好評。

2004年からペット業界に参入。ペットも家族のように高品質なものを与えたい、飼い主にとっても安全で満足度の高い商品が欲しいというお客さまのニーズの変化に適応した。

PLAY STUDIO YOKOHAMA

DADWAY LIFE DISCOVERY 横浜ベイクォーター

DADWAY LEARNING CENTER

VITAL MEALS BY DADWAY

商品を店頭販売する直営店は（全国で27店舗）、ベビー・キッズの屋内遊び場「プレイスタジオ」（同2店舗）、習いごとのワンストップ型複合施設「ラーニングセンター」（同2店舗）、親子でくつろげるカフェ「バイタルミールズ」（同1店舗）。お客さまとダッドウェイの商品を通じたコミュニケーションの場は、全国の主要都市で支持を広げる。また育児用品の枠を飛び越え、学びや体験を通してダッドウェイが大切にしている価値観を届けられるスポットを運営。（店舗数2020年3月現在）

おわりに

2019年10月、僕はヒマラヤ山脈にいました。

多くの遭難者を出し「死の山」と恐れられるナンガ・パルバット。書籍本体の表回りには、ベースキャンプで撮った時の写真を使っています。

この山行以来、小さなことで悩むことはなくなりました。大自然はやはり無常識で、私に言葉を介さない教えをたくさんくれます。

最後にこの本を制作するにあたり、これまでのダッドウェイを振り返り、一緒に無常識の山を登るパーティを組んできた、板坂次郎さん、石川美和子さん、日丸邦彦さん、ありがとうございます。そして登山の心強いサポート役を丁寧に努めてくださった弓手一平さん、枝久保英里さん、ありがとうございます。みなさんと共に創業前からの記憶を辿る旅はとても楽しい作業でした。お疲れさまでした。

コメントを寄せてくださった豊島伸一さん、桐木ご夫妻、後藤貴子さん、トージャスさん、安藤哲也さん、添田昌志さん、感謝しています。どなたともまたいっぱい、一杯やりたいですね。

対談を快く受けてくださり、幸福なひと時をくださった前野先生ご夫妻、感謝です。先生からの学びが私の人生を、より有意義で幸せなものにしてくれていることを確信しています。これからもご指導、よろしくお願いいたします。

紗也子、雄也、きみたちが生まれ、由紀子と四人でいっしょにおもしろ楽しい家庭を築けたこと、そしてその過程でそれぞれが考え、悩み、成長してこれたこと、本当に感謝しているよ。これからも支え合い、励まし合っていこう。

そして由紀子、君との出会いがなければダッドウェイはこの世に存在していなかったし、これほどの幸福感は味わえなかっただろう。最大限の愛と感謝を込めて「ありがとう！」

2020年3月

白鳥　公彦

●著者プロフィール

白鳥 公彦（しらとり きみひこ）

株式会社ダッドウェイ代表取締役社長
よこはま こどもカレッジ名誉校長
NPO法人　孫育て・ニッポン理事
アメリカ山ガーデンアカデミー／徳育こども園理事
1955年神奈川県藤沢市生まれ。1992年株式会社ダッドウェイ創立。「お父さんの子育てをもっとおもしろ楽しくしたい！」を創業理念に、育児・ペット用品の企画・輸入・販売を行う。知育玩具「Sassy」、抱っこひも「Ergobaby」、ほ乳びん「NUK」、またペット玩具「Petstages」など海外人気ブランドを展開。その商品の多くで、高い機能とデザイン性が評価され、グッドデザイン賞はじめ数々のアワードを獲得する。子育て世代からの広い支持を得て、近年は自社オリジナル製品の輸出事業を本格化させる。企業哲学として「子どもが生まれ、育み、一緒に生きていく過程を通じて、愛、生きる喜び、悲しみ、苦しみの意味、意義を真剣に考え続け、家族みんながより良い人生を歩んでいこう」という「ライフコンセプト」を提唱、その主旨に共感する団体（行政、教育機関、NPO）との協働を通じて日本の子育て環境の創造に貢献しつづける。３人の孫を持つ育ジイ。

無常識　ゼロベースで生きる

2020年3月4日　第1刷発行

著　者　　白鳥公彦
発行人　　久保田貴幸

発行元　　株式会社 幻冬舎メディアコンサルティング
〒151-0051　東京都渋谷区千駄ヶ谷4-9-7
電話　03-5411-6440(編集)

発売元　　株式会社 幻冬舎
〒151-0051　東京都渋谷区千駄ヶ谷4-9-7
電話　03-5411-6222(営業)

印刷・製本　瞬報社写真印刷株式会社
装　丁　　松崎 理(yd)

検印廃止

Printed in Japan
ISBN 978-4-344-92765-0　C0034
幻冬舎メディアコンサルティングHP
http://www.gentosha-mc.com/